로또9단
1등
분석기법

로또9단과 함께하는 로또분석 커뮤니티

로또9단과 함께 로또분석을 하실 수 있는 로또9단의 커뮤니티인 유튜브와 공식카페입니다.

- 로또9단 유튜브 : 유튜브에서 '**로또9단**' 또는 '**로또9단TV**' 검색
- 로또9단 공식카페 : 네이버에서 '**로또9단**' 검색

로또9단 1등 분석기법(큰글씨)

초판 1쇄 발행　2021년 01월 20일
초판 2쇄 발행　2021년 01월 27일
초판 3쇄 발행　2021년 07월 20일
초판 4쇄 발행　2022년 07월 10일
초판 5쇄 발행　2023년 11월 05일

지은이　　이승윤
펴낸이　　김왕기
편집부　　원선화, 김한솔
디자인　　푸른영토 디자인실
펴낸곳　　**푸른e미디어**
　　　　　주소　　경기도 고양시 일산동구 장항동 865 코오롱레이크폴리스1차 A동 908호
　　　　　전화　　(대표)031-925-2327　　팩스 | 031-925-2328
　　　　　등록번호　제2005-24호.(2005년 4월 15일)
　　　　　홈페이지　www.blueterritory.com
　　　　　전자우편　book@blueterritory.com

ISBN 979-11-88287-21-5　14410
ⓒ이승윤, 2021

과학적 통계 분석으로 로또 1등에 도전한다!

로또9단

1등

로또 당첨자
다수 배출!

분석기법

로또분석가
이승윤 지음

푸른미디어

로또9단 독자 댓글 서평

로또 입문자라면 필수적으로 꼭 봐야 할 좋은 로또 길잡이 책~

— 독자 사파이어 님

세상살이 힘들 때 나에게 일주일의 기대감과 행복을 준 책 넌 나의 작은 꿈, 작은 희망. 결국 큰 나의 인생...고맙다~♡♡

— 독자 가자gogo 님

"로또의 정석"~~~"

진짜 열심히 집필하신 9단님의 노고에 박수를 보내며 분석하시는 모든 회원분들에게 도움이 될 것으로 알고 있습니다. 열공 하셔서 꼭 꼭 좋은 성과가 있길 기대합니다. 파이팅~~~^^

— 독자 나리 님

이번 발간되는 책을 통하여 로또분석하시는 모든 사람들이 좋은 성과를 이루어서 힘든 세상에 좀 더 편안하고 행복한 삶을 살았으면 합니다. 모든 사람들의 밝은 등불이 되기를 기원합니다.

— 독자 송봉헌 님

 마음을 다스리고 세상을 따뜻하게 해준이는 꼭 보아야 할 서책, 베풀고 살다 보면 행복이 오는 책

— 독자 아침이슬 님

오랫동안 많은 유튜브 구독자들에게 정성스런 분석으로 두터운 신뢰를 얻은 로또9단님의 책은 독자분들과 유튜브 구독자님에게 200%의 만족도와 믿음을 줄 것입니다.

— 독자 타점초 운세TV 님

로또는 요행을 바라거나 뜬구름 잡는 사람들이 하는 것이라고 생각했는데 통계와 자료를 통해 노력+행운의 결과라는 새로운 인식을 주네요. 로또 필독서~~왕추천

— 독자 행복짱 님

로또 하면서 갈팡질팡 하는 분들은 이 책을 보면서 노력하면 좋은 성과가 있을 것이다!!!!

— 독자 이두호 님

한 사람 한 사람의 작은 돈으로 투자해 누군가와 내가 일등이 되어 큰 힘의 희망이 되는데 9단님의 책자가 더 큰 힘을 주시네요. 감사합니다.

— 독자 예쁜 사과 님

99%의 행운에 1%의 노력이 더해진다면 바로 "로또9단 1등 분석기법"책이지 않은가 싶군요~ 자동에서 수동으로 전환시켜준 계기가 되어준 책자입니다.

— 독자 천창우 님

지금까지 이런 책은 없었다. 다음이 기대가 되는 책.로또9단의 신뢰 가는 분석 믿고 봅니다!

— 독자 새벽의 푸른별 님

긍정의 힘이란 단어를 가슴속으로 되뇌며.. 희망을 가지고 있습니다^^ ★로또구단★님이 열심히 집필하신 책!! 희망의

책! 아자아자 화이팅!!^^

ㅡ 독자 금전수화 님

삶이 힘들고 어려울 때 로또가 삶의 동기부여를 줄 때가 있어요 소액 투자로 남들보다 쉽게 가는 방법의 책!

ㅡ 독자 이혜진 님

로또의 길잡이!!! 통계를 알면 로또가 보인다!!!

ㅡ 독자 화성아찌 님

미지의 세계 로또! 그 실마리를 풀 수 있게 길라잡이를 해줄 9단님의 꿀팁을 손꼽아 기대하고 있습니다!

ㅡ 독자 남려리 님

말이 필요 없다!! 로또의 교과서 로또9단

ㅡ 독자 빠따 님

로또를 처음 하는 사람에게 꼭 필요한 책입니다.

ㅡ 독자 비휴 님

2020년 4월 16일 오후 3시경에 이메일이 한통 왔다. EBS 에서 온 메일이었다. '복권'을 주제로 다큐멘터리를 제작하고 있는데 로또 분석가로 출연 가능하겠냐는 내용이었다.

통화를 했다. 왜 나를 선택했냐고 물었다. 그러자, 로또 분석가는 많이 있지만 가장 신뢰감이 들어서 연락하게 되었다고 했다.

로또는 이제껏 지상파 방송에서 안 좋은 방향으로 방송을 제작했었다. 그래서 선뜻 출연 의사를 밝히지 못했고 생각해 보겠다고 했다. 시간이 흘러 다시 통화를 하게 되었고 평소 로또 분석가로서 생각했던 수많은 얘기들을 나눴다. 그리고 어느 정도 좋은 취지의 방송이라 생각이 들었다.

예를 들어 1번이 당첨번호로
10주째 나오지 않고 있으면

　이 방송은 다큐멘터리 형식으로 진행되는 프로그램이었는데 중요한 것은 어떤 주제들을 다룰 것인가였다. 로또에 대해 다양한 시각에서 접근했으면 좋겠다고 제안했다. 로또와 관련된 이해관계에 있는 다양한 주제로 방송이 만들어 지길 제안했다.

　그렇게 복권사업자, 로또 분석가, 상위 당첨자, 로또명당 등과 같은 주제가 정해졌고 방송 출연을 결정하게 되고 2020년 EBS '다큐잇 복권편'에서 진행자였던 배우이자 MC인 박재민 님과 함께 즐겁게 방송을 진행했다.

근래에 예상해서 분석했던 번호들인데
주로 이 범위에서 번호들이 나오니까요

EBS 다큐잇 로또9단

　　지상파 방송에서 로또라는 주제로 방송을 만드는 것 자체가 어려운 일이다. 더욱 로또 분석이 도움이 된다는 것을 주제로 지상파 방송에서 송출하는 것은 어려운 일이다. 하지만 이번에 좋은 PD, 작가, 방송 관계자를 만나 로또 분석가의 입장에서 방송에 출연할 수 있어 좋은 경험이 되었다. 이 자리를 빌려 감사드린다.

"행운은 저절로 내게 오지 않는다."
"행운에게 다가가야 만날 수 있다."

로또9단 유튜브 구독자 6만 명(2023년 10월 기준) 유튜브 실시간 라이브 분석 방송 1만여 명 시청

이 책의 모든 내용은 유튜브 '로또9단'에서 로또 분석가로 3년을 활동하며 실전에서 검증한 내용들이다. 2020년 6월부터 2023년 10월까지 3년여의 기간 동안에만 2등 9명, 3등 362명을 실제 당첨 배출시켰던 확실히 검증된 실전 분석기법이므로 끝까지 읽은 후 숙지하면 높은 확률로 로또를 하게 될 것이라 확신한다.

단순히 이론에 그치지 않고 실전에 즉시 활용하면서 확률을 높여줄 '로또9단'의 1등 조합 패턴, 제외수, 고정수 기법 등의 실전 분석기법을 시작한다.

이제 행운에게 다가갈 준비가 되어 있다면 시작해보도록 하자.

로또9단 당첨 사례

    실제 로또 9단의 분석기법으로 배출시킨 944회 2등 당첨 용지와 누적 3등의 당첨 용지들을 준비했다. 로또 2등의 당첨 확률은 135만 분의 1로 확률이 희박하여 당첨되기 어렵지만 로또 9단은 차별화된 분석기법으로 당첨이 되었다. 특히 917회 2등 당첨 배출은 초기 로또9단 방송을 시작하면서 약 400명의 구독자님 가운데 배출 시켜 의의가 컸다. 이후에도 2등과 3등이 다수 배출되었고 현재도 꾸준히 당첨 배출이 되고 있다.

    따라서 이 책에서 전수해 드리는 분석기법을 숙지하고 활용한다면 이제까지와는 전혀 다른 확률로 로또를 하게 될 것이다.

로또9단 로또 당첨자들의 당첨 인증 사진

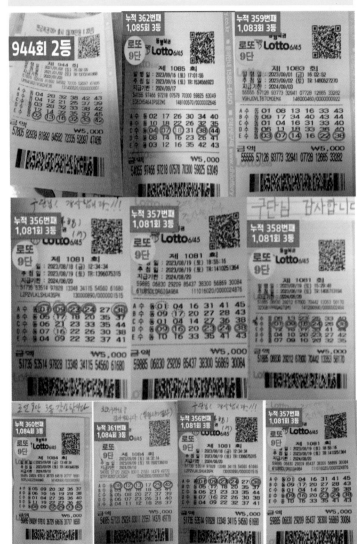

차례

PART 3 | 로또의 필수 통계

PART 4 | 로또 1등이 어려운 패턴

PART 5 | 로또 당첨 1등 조합기법

PART **1**

로또의 기본이해

로또 히스토리

    로또가 국내에 처음 도입된 2002년 12월 7일, 1회에는 1등 당첨자가 나오지 않았고 2회 추첨에서 1등 당첨자 1명이 20억 원에 당첨되면서 로또 1등 당첨자 배출이 시작되었다. 936회 기준으로 누적 1등 당첨자 수는 6,559명이다.

    지금까지 평균 1등 당첨 금액은 세전 20억 원이고 역대 최고 당첨금은 19회 로또 1등 당첨 금액인 407억 원이다. 최저 1등 당첨 금액은 1등 당첨자가 30명이 나왔던 2013년 546회 4억 5백만 원이다. 마지막으로 1등 당첨자가 나오지 않은 2011년도 463회 이후, 2022년 현재까지 10여년 간 매주 1등 당첨자가 배출되고 있다. 1등 당첨자 평균 10명은 로또 분석에 있어 아주 중요하니 꼭 기억해야 한다.

최근 5년간 1등, 2등 당첨자 및 당첨 금액 평균

연도	로또 1등 평균		로또 2등 평균	
	당첨자 수	당첨 금액	당첨자 수	당첨 금액
2020년	10명	**24억5천**	66명	**5천6백**
2019년	9.7명	**23억9천**	60명	**5천8백**
2018년	9.3명	**23억2천**	55명	**5천7백**
2017년	9.2명	**23억5천**	55명	**5천5백**
2016년	8.6명	**22억1천**	50명	**5천7백**

※2020년도는 936회 11월7일까지의 통계 기준

로또 판매량과 당첨율

　국내에 도입 당시 2천 원이던 로또 가격을 지나친 사행심 조장을 억제하기 위한 목적으로 2004년부터 1천 원으로 변경하였다. 그러나 최근 5년간 로또 판매량은 약 33% 증가하였으며 판매 증가에 따라 로또 1등 당첨자 수와 당첨 금액도 계속 증가하고 있다. 로또 1등의 확률은 약 814만 분의 1이고, 모든 로또 조합을 구매할 경우 구입금액은 81억 4천만 원이다.

　로또 판매 금액과 1등 당첨자 수의 상관관계를 보면 매 회차 1등 당첨자 수가 조금씩 다르지만 평균적으로 판매 금액 증가에 따라 1등 당첨자 수와 당첨 금액도 조금씩 증가하고 있다.

최근 5년간 로또 판매 금액과 1등 당첨율의 관계

연도	회차	로또 판매 금액	로또 1등 평균	
			당첨자 수	당첨 금액
2020년	936회	922억	10명	**24억5천**
	906회	909억		
2019년	876회	850억	9.7명	**23억9천**
	846회	839억		
2018년	816회	723억	9.3명	**23억2천**
2017년	786회	759억	9.2명	**23억5천**
	756회	709억		
2016년	726회	687억	8.6명	**22억1천**
	696회	675억		

※ 936회 기준으로 30회 단위 로또 판매 금액

로또의 확률

총 45개의 로또번호에서 6개의 당첨번호를 모두 일치시켜야 1등이 될 수 있는 로또 1등의 확률은 약 814만 분의 1이다. 로또 1등 당첨 금액은 매 회차 총 판매금액의 50%이며, 42% 이상은 복권 기금으로 사용된다.

5만 원의 당첨금을 받을 수 있는 4등 당첨의 경우는 확률적으로 73만 원을 구매해야 당첨될 수 있다. 그만큼 로또 당첨 확률이 어렵다는 것을 알 수 있다. 1등부터 5등까지 당첨 확률을 합하면 2.36%로 로또를 구매해서 당첨이 안 될 확률이 97.64%나 된다. 따라서 많은 돈으로 로또를 구매하는 것은 좋지 않다. 로또 분석 방법을 배워서 꾸준히 구매하는 것이 가장 좋은 방법이다.

로또 당첨금 배분구조

	당첨방법	당첨 확률	당첨금의 배분 비율
1등	6개 일치	1/8,145,060	당첨금 중 4등, 5등 금액을 제외한 금액의 75%
2등	5개 일치 +보너스번호	1/1,357,510	당첨금 중 4등, 5등 금액을 제외한 금액의 12.5%
3등	5개 일치	1/35,724	당첨금 중 4등, 5등 금액을 제외한 금액의 12.5%
4등	4개 일치	1/733	50,000원
5등	3개 일치	1/45	5,000원

로또의 조합수

45개 로또번호로 조합을 하면 당첨 확률이 희박하기 때문에 분석을 통해 제외수를 빼고, 예상수 번호를 추려 번호 조합 및 구매를 해야 한다.

옆의 표에서 번호의 개수별 조합수를 참고하자.

번호 개수별 조합수

번호 수	조합수	번호 수	조합수
6개	1	26개	230,230
7개	7	27개	296,010
8개	28	28개	376,740
9개	84	29개	475,020
10개	210	30개	593,775
11개	462	31개	736,281
12개	924	32개	906,192
13개	1,716	33개	1,107,568
14개	3,003	34개	1,344,904
15개	5,005	35개	1,623,160
16개	8,008	36개	1,947,792
17개	12,376	37개	2,324,784
18개	18,564	38개	2,760,681
19개	27,132	39개	3,262,623
20개	38,760	40개	3,838,380
21개	54,264	41개	4,496,388
22개	74,613	42개	5,245,786
23개	100,947	43개	6,096,454
24개	134,596	44개	7,059,052
25개	177,100	45개	8,145,060

인터넷 로또 구매

과거에는 복권 판매점에서만 로또를 구매했지만 지금은 복권 수탁사업자인 '동행복권' 홈페이지에서 예치금을 충전하면 1인당 구매한도 5천 원 이내에서 인터넷 구매가 가능하다.

최근 2년간 1등 당첨자가 다수 배출이 되었으며 현재는 로또명당 복권 판매점보다 1등 당첨자 배출이 더 많이 배출되는 추세이다.

앞으로 인터넷 구매 1등 당첨자는 더 많이 배출될 것으로 예상된다. 따라서 로또명당보다 1등이 더 많이 배출되는 인터넷 구매를 적극 추천한다.

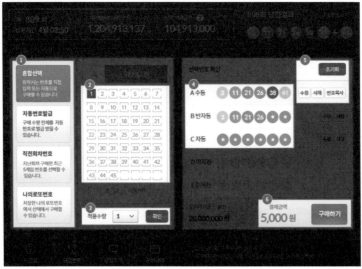

로또 필수 용어

처음에 로또 분석을 하게 되면 가장 먼저 겪게 되는 어려움이 바로 로또 용어의 이해이다. 로또 용어만 이해를 해도 로또에 대한 기본 상식이 생겨 로또 왕초보 단계를 자연스럽게 넘어설 수 있다. 생소한 용어들이지만 시간이 흐르면 자연스럽게 익숙해진다. 필수적으로 알아야 할 로또 필수 용어 위주로 배워보도록 하자.

조합 : 국내 로또는 로또번호 45개 중에서 6개 번호를 선택하는 방식이다. 이렇게 6개 번호를 선택하는 것을 조합이라 한다. 45개 번호로 만들 수 있는 전체 로또 조합수는 8,145,060 조합이다.

총합, 합계 : 로또 당첨번호 6개의 합계를 의미한다. 로또의 합계는 가장 작은 21(1+2+3+4+5+6)의 합계부터 255(40+41+42+43+44+45)의 합계가 있다. 물론 합계 21과 255는 로또 전체 조합에서 1개씩만 있다.

단번대, 10번대, 20번대, 30번대, 40번대 : 단번대는 1~10번(당첨번호의 노랑볼), 10번대는 11~20번(당첨번호의 파랑볼), 20번대는 21~30번(당첨번호의 빨강볼), 30번대는 31~40번(당첨번호의 검정볼), 40번대는 41~45번(당첨번호의 녹색볼)을 의미한다.

저고 비율 또는 고저 비율 : 로또번호 45개의 중심 번호인 23을 기준으로 23 미만의 숫자들을 낮을 저(低)의 숫자라 하고 23 이상의 숫자들을 높을 고(高)의 숫자라 한다. 주로 저고 비율이 6:0이나 0:6은 나오기 어렵다.

홀짝 비율 : 로또번호 45개 중에는 홀수가 23개이고 짝수가 22개이다. 홀짝 비율은 6:0, 5:1, 4:2, 3:3, 2:4, 1:5, 0:6이있다. 당첨번호 중 6개 모두가 홀수로 나오는 것을 홀짝 비

율 6:0이라고 한다. 반대로 모두 짝수로만 나오게 되면 홀짝 비율 0:6이라고 한다. 통계적으로 홀짝 비율 6:0과 0:6은 당첨번호 출현 확률이 낮은 편이다.

끝수, 동끝수 : 숫자의 끝수를 의미한다. 로또에는 0부터 9까지의 '끝수'가 있다. 끝수가 같은 번호들을 같은 끝수라는 의미로 '동끝수'라고 한다. 3번의 끝수는 3끝, 10번의 끝수는 0끝, 38번의 끝수는 8끝이다. 당첨번호로 3번, 23번, 43번이 나왔을 때 '동끝수 3끝번호'가 3개 나왔다고 한다. 주로 당첨번호는 끝수가 모두 다르게 나오는 회차보다 동끝수 2개 출현이나 동끝수 3개 출현 확률이 높다.

끝수의 합 : 말 그대로 끝수들의 합계이다. 예를 들어 당첨번호 3, 14, 19, 25, 29, 41의 끝수의 합은 31이다. 주로 너무 낮거나 너무 높은 끝수의 합은 당첨번호 출현 확률이 낮다.

낙수, 낙첨, 미출 : 당첨번호 출현이 안되고 있는 기간을 의미한다. 로또번호 45개를 이번 회차 기준으로 언제 나왔었는지를 보면 된다. 예를 들어 3번이라는 번호가 3주 전에 나왔다면 낙첨 기간이 3주이고 미출 기간이 3주인 것이다. 로또9단은 낙수, 낙첨이란 용어 대신 '미출'이라는 용어를 주로 사용한다. 앞으로 '미출'이라는 용어를 많이 보게 되니 꼭 알아야 할 용어이다.

HOT(핫수), COLD(콜드수), 뜨거운수, 차가운수 : 앞의 미출 기간으로 분류하였을 때 5주 이내에 출현했던 번호를 핫수(뜨거운수), 6주~10주 기간 동안 미출하고 있는 번호를 미지근한수, 11주 이상 미출하고 있는 번호를 콜드수(차가운수)라고 한다. 로또9단은 핫수, 콜드수 용어 대신 5주 이내, 6주~10주, 미출수로 구분하여 용어를 사용하여 고유 분석기법인 '미출 기간표 분석기법'을 사용한다.

동형수/거울수 : 번호를 반대로 봤을 때 똑같은 번호를 의미한다. 12/21, 13/31과 같이 번호를 반대로 봤을 때 같다는 의미로 '동형수' 또는 '거울수'라고 부른다.

소수 : 1과 자기 자신 외에 나누어지지 않는 번호를 말한다. 2, 3, 5, 7, 11, 13, 17, 19, 23, 29, 31, 37, 41, 43번으로 총

14개다. 주로 당첨번호 6개는 소수 번호만으로 되어 있지 않고 평균 4개 이내에서 나온다.

배수: 2배수, 3배수와 같은 숫자의 배수를 의미한다. 예를 들어 5배수는 45개 번호에서 5, 10, 15, 20, 25, 30, 35, 40, 45번으로 총 9개이고, 3배수는 총 15개이다. 주로 당첨번호에 동일 배수로만 당첨번호 6개 모두 잘 나오지 않는다.

합성수: 소수 14개의 번호와 3배수 15개의 번호를 제외한 번호를 말한다. 1, 4, 8, 10, 14, 16, 20, 22, 25, 26, 28, 32, 34, 35, 38, 40, 44번으로 총 17개이다. 주로 합성수는 당첨번호 6개 중에서 4개 이내로 나온다.

이월수: 직전 회차 당첨번호를 말한다. 직전 회차 당첨번호 6개 중에서 이번 회차에 당첨번호로 1개가 출현하는 확률은 평균 40%~50%이다. 로또를 분석하는 사람들은 절대로 직전 회차 당첨번호 6개 중에서 3개 이상을 선택하지 않는다.

연번(2연번, 3연번, 4연번) : 당첨번호가 연속되는 번호로 출현하는 것을 말한다. 5번, 6번이 나오면 단번대 2연번 출현이라 하고, 37번, 38번이 나오면 30번대 2연번 출현이라고 한다. 연번의 출현 확률을 보면 2연번 출현 확률은 이월수 출현 확률과 비슷한 약 50%의 확률로 출현한다.

가로 라인(상하), 세로 라인(좌우) : 로또 구매 용지 첫 줄은 가로 1라인, 두 번째 줄은 가로 2라인이 된다. 세로 라인은 로또 구매 용지를 왼쪽에서 오른쪽으로 봤을 때 왼쪽 첫 번째줄을 세로 1라인이라고 한다.

쌍수(쌍둥이 숫자) : 번호의 앞뒤가 같은 숫자를 의미하고 11, 22, 33, 44가 있다. 주로 쌍수는 당첨번호로 3개 이상 출현하지 않는다.

이웃수 : 당첨번호의 앞, 뒤 숫자를 말한다. 당첨번호 5번의 이웃수는 4번, 6번이다. 주로 이웃수는 0~3개 사이에서 당첨번호가 출현한다.

패턴 : 당첨번호를 분석했을 때 발견되는 일정한 특징을 말한다.

시작번호, 끝번호 : 시작번호는 로또 6개 당첨번호에서 가장 낮은 숫자의 번호이고, 끝번호는 가장 높은 숫자의 번호를 말한다.

제외수 : 로또번호 45개에서 번호 조합을 하면 확률이 희박하므로 분석을 통해 예상수를 찾아낸다. 이때 제외하는 번호를 제외수라 한다.

멸구간 : 구매 용지 가로 라인, 세로 라인에서 당첨번호가 찍히지 않는 구간, 또는 분석을 하면서 당첨번호 없는 구간을 멸구간이라 한다.

PART **2**

___

로또 분석이란
무엇인가?

로또는 분석이 가능한가?

    세르반테스는 에스파냐의 작가로 시, 소설, 희곡 등 다양한 분야의 글을 썼다. 젊은 시절 전쟁에서 부상을 입어 왼팔을 쓸 수 없게 됐고, 해적들에게 붙잡혀 알제리로 끌려가 무려 5년 동안 노예생활을 했다.

    형편이 어려웠던 세르반테스는 군대에 필요한 물건을 거두는 관리직에 취직했으나 형편이 나아지기는커녕 억울하게 감옥에 갇히는 일까지 발생했다. 세르반테스는 감옥 안에서 소설을 쓰기로 결심하고 그의 대표작인 돈키호테를 탄생시켰다. 돈키호테는 최초의 근대소설이라는 평가를 받고 있다. 세르반테스는 다음과 같이 말한다.

**"불가능한 것을 손에 넣으려면
불가능한 것을 시도해야 한다."**

로또 1등을 확실하게 할 수 있는 방법은 81억을 들여 로또
의 전체 조합 814만 개를 구매하는 것이다. 하지만 1등 당첨
금이 평균 20억 원인데 81억 원을 들여 로또를 구매할 바보
는 없을 것이다.

사람들은 로또는 분석이 되지 않는다는 말을 많이 한다.
그런데 정확히 말하자면 틀린 말이다. 이 책을 끝까지 읽고
나면 로또는 분석이 된다는 것을 알 수 있게 된다.

인간이 하늘을 날 수 없다는 것도 정확히 말하자면 틀린
말이다. 비행기가 없던 과거에 누군가 지상에서 5미터 높이
로 날 수 있는 물체를 만들었을 때 누군가는 인간이 하늘을
날 수 있다고 생각했고 누군가는 고작 5미터 높이로 나는 것
이 무슨 비행기냐고 했을 것이다.

지상에서 하늘로 계속 올라가다 보면 우주가 나온다. 지
상에서 우주까지 가기 위해서는 대기권을 통과해야 하고, 대
기권에는 대류권, 성층권, 중간권, 열권, 외기권이 존재한다.
지금의 비행기는 주로 지상에서 5Km~15Km 높이에서 비행

을 한다. 높이가 그 정도는 되어야 구름 위에서 기상 현상에 영향을 받지 않고 다닐 수 있기 때문이다. 로또 분석의 시작도 비슷하다. 가능성을 보고 노력하는 것이다.

우리에게 로또 1등 당첨은 희망이다. 꿈이라고 생각하는 것이 아니라 로또 분석의 가능성을 보고 도전하는 것이다. 로또 1등을 꿈꾸는 사람들이 가장 흔하게 하는 실수가 당첨 확률을 높이기 위해 로또를 많이 구매하는 것이다. 이것은 지극히 로또의 확률을 모르고 시간 낭비, 돈 낭비를 하는 것이다. 로또가 많이 사서 당첨될 수 있다면 이미 부자들의 전유물이 되어 있을 것이다. 로또는 그만큼 어렵기 때문에 누구에게나 매주 공평한 기회가 제공되는 것이다.

로또 1등은 행운이 있어야 한다. 행운 없이 분석만으로는 1등이 되기는 어렵다. 그럼 행운은 누구에게 오는 것일까? 행운은 아무것도 하지 않는 사람에겐 오지 않는다. 도전하고 노력하는 사람만이 행운을 만날 수 있는 것이다. 로또를 사지 않는데 어떻게 1등이 될 수 있겠는가? 로또를 산다고 누구나 1등이 되는 것은 아니지만 최소한 로또를 사는 사람에게 기회가 주어지고 행운도 만날 수 있는 것이다.

로또 당첨이라는 행운이 오는 사람은 로또를 꾸준히 소액으로 꾸준히 구매하는 사람이다. 많이 사라고 하는 것이 아니다. 행운이 언제 올지 아무도 모르기 때문에 로또에도 꾸준함이 필요한 것이다. 하지만 꾸준함만 있고 현명함이 없다면 그것 또한 시간 낭비, 돈 낭비가 될 것이다. 로또를 현명하게 하는 방법은 로또 분석을 통해 구매하는 것이다.

로또 분석을 하다 보면 많은 특징들을 알 수 있다. 기본적으로 로또 1등이 되기 위해 어떤 번호 조합을 해야 하는지 알 수 있고, 반대로 어떤 조합을 하면 안 되는지도 알 수 있다. 하지만 로또 분석에는 정답이 없기 때문에 국내 로또 분석 방법은 아주 다양하다. 그래서 로또 분석 방법을 잘 선택해서 공부하는 것이 중요하다.

우리가 운동을 할 때 잘못된 자세로 운동하게 되면 오히려 더 안 좋아지고 사이비 종교를 믿게 되면 결국은 안 좋은 결과를 초래한다는 것 정도는 알고 있다. 그러니 무작정 로또 분석 방법을 따라하는 것이 능사는 아니다. 그러므로 수많은 로또 분석 방법 중 통계 기반의 검증된 분석 방법을 선택해서 공부해야 한다.

그럼 로또 분석을 통해 어느 정도의 효과를 볼 수 있을까?

로또 분석(Analysis)은 통계(statistics)를 기반으로 해야 한다고 말했다. 국어사전에 보면 통계를 '한곳에 몰아서 어림잡아 계산함'이라고 정의하고 있다. 바로 이러한 통계를 기초로 많은 사실을 다양한 방법으로 관찰, 처리를 연구하는 학문을 통계학이라고 한다.

로또 분석에 있어서도 다양한 관점의 통계 분석은 필수적이다. 그렇다고 통계가 항상 정답이 될 수는 없으므로 로또 분석에 있어서 통계를 맹신해서도 안 된다. 통계 없이 분석하는 것도 말이 안 되지만 통계 예측 결과로만 1등 당첨번호가 나오면 로또가 아니기 때문이다.

결국 로또 분석의 핵심은 통계를 기반으로 다양한 관점으로 해석하고 연구하여 확률 높은 방법을 끊임없이 찾는 과정이다. 앞으로 공부하게 될 '로또 분석기법', '로또 조합기법'에서 상세하게 다루겠지만 통계는 측정하는 기준을 무엇으로 하느냐에 따라서 다양한 결론을 얻어내는 근거 자료가 된다.

로또 분석을 체계적으로 발전시키고 확률을 높이기 위해서는 다양한 관점으로 통계를 분석해 평균 통계를 기반으로 '미래 예측 분석'을 해야 된다. 로또 분석의 시작점이자 기준

점을 바로 '평균 통계'라고 한다. 평균 통계를 많이 알고 있고
이를 활용하는 사람을 우리는 로또 고수라고 한다.

34번과 9번중 어떤번호가 나올까?

    총 45개의 로또번호에서 6개의 번호를 추첨하는 로또 추첨은 '독립시행(Bernoulli's trials)'이라 분석이 되지 않는다고 한다. 독립시행은 매 회차 추첨이 독립적으로 발생하기 때문에 과거의 번호 출현 통계를 통해서는 미래 예측이 성립될 수 없다는 것이다. 그러나 로또는 독립시행이라 분석이 되지 않는다는 말은 정답이 아니다. 물론 로또는 매 회차 추첨을 통해 당첨번호가 바뀌기 때문에 통계를 기반으로 한 분석으로 100% 예측이 어려운 것은 사실이다.

    하지만 우리가 로또 분석을 하는 이유는 정확한 예측이 가능해서 하는 것이 아니라 당첨 확률을 높이기 위해 하는 것이다. 정확한 예측이 불가능하더라도 도움이 되는 것 또한 분명한 사실이기 때문이다.

기상청의 슈퍼 컴퓨터도 날씨 정보를 100% 정확히 못 맞추니 쓸데없는 것일까? 완벽하지는 않아도 날씨 정보 예측이 필요한 사람들에게 도움이 된다. 또한 노력을 통해서 적중률이 계속 높아지고 있다.

주식 차트의 통계를 보고 분석하는 것 또한 주식을 하는 사람에게 완벽하지는 않아도 매수 타이밍과 매도 타이밍을 결정하는 데 도움이 되고, 노력을 통해 적중률이 계속 높아진다.

로또 분석도 이와 같은 맥락이다. 당첨 확률을 높이고 싶은 사람들에게 도움이 된다. 주먹구구식의 분석이 아니라 IT 기술을 접목해, 정확한 통계 기반의 확률 높은 분석을 한다면 많은 도움이 될 것이다.

이제 본격적인 로또 분석을 하기 전에 로또 분석에 다양한 관점의 통계 분석이 왜 필요한지부터 확인하고 들어가 보도록 하자.

로또번호 45개의 출현 통계를 보면 번호별로 차이점이 존재한다. 예를 들어 34번과 9번 두 개의 번호에서 선택을 한다고 했을 때 어떤 번호를 선택해야 할지 분석해 보겠다.

과거 통계	34번은 역대 최다 출현이고 9번은 최저 출현 번호이다.
결과 예측	첫째, 34번이 자주 나오니 출현 확률이 더 높다. 둘째, 9번이 그동안 안 나왔으니 출현 확률이 더 높다. 셋째, 과거의 통계는 의미가 없다.

독자들의 의견은 위의 3가지 결과 예측과 같이 다양할 것이다. 이번에는 다음의 분석 결과를 확인 후에도 생각이 똑같은지 살펴보자.

과거 통계	통계에서 3주 연속 같은 번호가 출현한 것은 최대 3주
이번 회차	34번이 지난주까지 최근 3주 연속 나온 상태이다.
결과 예측	4주 연속 당첨번호가 나온 적은 없기 때문에 확률적으로 34번은 당첨번호가 되기 어렵다고 예측할 수 있다

과거 통계	30번대 번호가 10주 이상 계속해서 나온 적이 없으며 특히 30번대 번호 3개가 3주 연속 나온 적은 없다.
이번 회차	34번을 포함한 30번대 번호가 지난주까지 최근 2주 연속 3개씩 출현한 상태이다.
결과 예측	34번이 당첨번호가 되기 어렵다고 예측할 수 있다.

과거 통계	로또 구매 용지 가로 5라인이 7주 연속 나온 적이 없으며, 세로 6라인도 7주 연속 나온적이 없다.
이번 회차	34번은 가로 5라인, 세로 6라인에 위치한 번호인데 6주 연속 가로 5라인과 세로 6라인이 출현한 상태이다.
결과 예측	우리는 34번이 당첨번호가 되기 어렵다고 예측할 수 있다.

이렇듯 다양한 관점의 통계 분석을 깊이 있게 발전시켜 나간다면 로또 당첨 확률은 더욱 발전할 수 있다는 것을 알 수 있다.

로또 분석
(번호 분석기법, 조합기법)

국내 로또는 45개 번호에서 6개의 당첨번호를 맞추는 방식이다. 로또 분석은 바로 6개의 당첨번호를 맞출 수 있는 확률을 높이기 위해 과거 당첨번호의 패턴을 평균 통계로 기준을 만든 뒤, 최근 흐름의 분석을 통해 상위 당첨의 확률을 높이는 노력이다.

"로또 분석은 5천 원을 주고 구매한 로또 한 장으로 1등 조합을 맞출 수 있어서 하는 게 아니라, 1등이 되고 싶기에 통계 분석을 통해 확률을 공부하여, 로또 1등과 상위 당첨의 확률을 높이는 것이다."

"로또 분석은 분명 로또 1등과 상위 당첨의 확률을 높여
준다."

로또를 분석하기 위해서는 IT 기술이 필요하다. 로또 전체
조합인 8,145,060 조합을 데이터베이스(DB)화하고 통계를 활
용한 체계적인 분석을 해야 하기 때문에 어렵다.

로또 분석은 크게 두 가지로 구분할 수 있다. 45개 번호
에서 당첨번호로 나올 확률이 높은 번호들을 찾는 예상 번
호 분석과 번호 6개를 1등이 될 수 있도록 조합하는 조합기
법이다.

번호 분석기법

예상 번호 분석은 주로 가장 많이 하는 분석 방법으로서
45개의 번호에서 당첨번호로 출현할 확률이 높은 번호들을
찾는 분석이다. 이 분석 방법은 매우 다양하다. 이 책에서
'로또9단'은 수많은 분석 방법 중에 가장 확률이 높고 실제
실전에서 검증된 유용한 분석 방법을 전하려 한다. 특히, 5
주 이내 출현 통계를 활용한 고정수 기법도 포함되어 있다.

조합기법

조합기법은 예상 번호 분석을 통해 45개의 번호 중 출현 확률이 높은 번호를 찾아낸 후, 어떻게 조합을 해야 1등과 상위 당첨의 확률이 높은 조합을 할 수 있는지를 연구하여 적용하는 분석이다.

예를 들어 45개 번호에서 예상 번호 분석을 통해 15개의 번호를 요약했을 때 당첨번호 6개가 모두 있다고 하더라도, 조합이 잘되지 않으면 5등도 되지 못하기 때문에 조합기법은 아주 중요한 로또 분석의 꽃이라 할 수 있다.

20년 동안 로또에 종사하는 로또 사이트, 로또 분석가들은 대부분 상술로 돈벌이에만 치중하고 깊이 있는 분석은 하고 있지 않다. 그러한 이유로 국내 로또 분석 서적 중에 통계 기반의 체계적인 로또 분석 서적 또한 전무한 실정이다. 그러나 이 책을 보고 있는 독자들은 프로그램 개발자 출신의 IT 20년 경력 '로또9단'의 '통계 기반 분석'을 배울 수 있을 것이다. 이 책을 통해 조합기법과 관련된 분석도 독자분들께 전하려 하니 끝까지 읽어 주길 바란다.

PART **3**

로또의 필수 통계

홀짝 통계

번호 45개에서 홀수는 23개, 짝수는 22개로 홀수가 1개 많다. 로또 전체 조합인 814만 조합에서 6개 모두 홀수인 조합은 10만 조합이고 정확히는 100,947개다. 6개 모두 짝수인 조합은 7만 4천 조합이고 정확히는 74,613개이다.

평균적으로 홀짝 비율 6:0과 0:6은 1년에 3회 정도 출현한다. 그러니 우리는 로또번호 조합을 할 때 반드시 홀짝 비율 6:0, 0:6은 피해야 한다. 홀짝 비율 6:0과 0:6의 조합수 총 17만 4천 조합을 제외하고 로또를 구매하면 로또를 814만 분의 1로 하지 않게 된다. 당첨번호의 홀짝 비율을 분석해보면 가장 많이 출현하는 홀짝 비율은 3:3이다. 그 후로 4:2, 2:4가 주를 이룬다.

홀수	짝수	조합수	비율(%)
		홀짝 통계 비율 조합표	
0	6	74,613	0.92%
1	5	605,682	7.44%
2	4	1,850,695	22.72%
3	3	2,727,340	33.48%
4	2	2,045,505	25.11%
5	1	740,278	9.09%
6	0	100,947	1.24%
합계		8,145,060 개	100%

앞의 통계를 보면 로또 전체 조합에서 대부분을 차지하는 홀짝 비율은 3:3, 2:4, 4:2라는 것을 알 수 있다. 그만큼 해당하는 홀짝 비율의 조합수가 많기 때문에 당첨번호도 자주 나오게 된다.

합계 통계

　로또번호 조합을 보면 가장 적은 합계는 21이고, 가장 높은 합계는 255이다. 중간 평균 합계는 138로 조합수는 105, 690 조합이다.

로또번호 합계별 조합 분포도

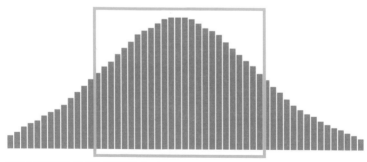

57 61 65 69 73 77 81 85 89 93 97 101 105 109 113 117 121 125 129 133 137 141 145 149 153 157 161 165 169 173 177 181 185

로또 전체 조합에서 합계가 100미만인 조합수는 총 83만 조합인 831,637 조합으로 로또 전체 조합의 10%가 넘는다. 또한 합계가 175를 초과하는 조합은 88만 조합인 881,873조합으로 로또 전체 조합의 10%가 넘는다.

이렇게 로또번호 6개의 합계가 100미만과 175가 초과되는 번호 조합을 하지 않게 되면, 로또 814만 조합의 20%가 넘는 약 170만 조합을 제거 시킬 수 있다.

당첨 통계를 분석해보면 평균 70%~80%의 확률로 1등 당첨번호의 합계는 100~175 사이에서 출현한다. 로또번호를 선택할 때 합계 범위를 100~175의 범위에서 번호 6개를 선택한다면 170만 조합을 제거 시키면서 보다 확률 높은 로또를 할 수가 있다.

끝수 통계

　로또 분석을 처음 시작할 때 생소한 부분 중 하나가 끝수 분석이다. 끝수는 앞서 로또 용어에서도 설명했듯이 번호의 끝자리가 1로 끝나면 1끝수라고 한다. 로또 전체 조합의 통계를 분석해보면 동끝수 2개 즉, 끝수 2개가 같은 조합수가 570만 조합으로 가장 많다.

　당첨번호 통계를 분석해보면 80%~90%의 확률로 매주 1등 당첨번호는 동끝수 2개, 동끝수 3개로 이뤄진 조합이 당첨번호가 되는 것을 확인할 수 있다. 이제까지 무심코 번호를 선택했었다면 앞으로 6개 번호 중에서 동일한 끝수인 동끝수 2개를 선택하도록 한다. 이것은 선택이 아니라 필수라는 점을 명심하자.

로또번호 끝수 조합

끝수 유형	조합수	비율(%)
끝수가 모두 다른 경우	1,708,100	20.9%
동(同) 끝수 2개	5,708,120	70.0%
동(同) 끝수 3개	705,040	8.6%
동(同) 끝수 4개	23,600	0.3%
동(同) 끝수 5개	200	0.002%
동(同) 끝수 6개	0	0%

예를 들어 924회 당첨번호 3, 11, 34, 42, 43, 44의 끝수를 보면 3끝수 2개와 4끝수 2개를 발견할 수 있다. 924회의 경우에 동끝수 2개가 한 번도 아니고 두 번이나 나온 것이다. 그런데 당첨번호 통계를 분석해 보면 924회와 같은 당첨번호 끝수의 출현 빈도가 상당히 높다는 것을 알 수 있다. 그러니 앞으로 동끝수 2개 이상 선택이 얼마나 중요한지 명심하고 로또를 하면 당첨 확률은 그만큼 높아질 것이다.

연번 통계

연번은 보통 2연번을 의미하며 25, 26과 같이 연속되는 번호이다. 3연번은 15, 16, 17과 같이 연속한 3개의 번호를 말한다.

로또 전체 조합의 통계를 보면 연번이 없는 조합보다 2연번으로 구성된 조합수가 많다는 것을 알 수 있다. 연번이 없는 조합과 2연번 조합을 합친 비율이 94%가 넘는다.

실제 당첨번호 출현 통계를 분석해 보면 3연번 이상의 당첨번호는 출현 확률이 거의 없고 대부분 5:5의 비율로 연번이 없거나 2연번이 출현한다. 즉, 2연번 출현 확률이 50%나 되는 것이다. 앞으로는 2연번 선택도 필수가 되는 것이다.

그러나 2연번 출현 확률이 높다고 해서 매주 2연번 번호

로또번호 연번 조합

연번	조합수	비율(%)
연번이 없는 경우	3,838,380	47.12%
2연번인 경우	3,848,260	47.25%
3연번인 경우	425,620	5.22%
4연번인 경우	31,200	0.38%
5연번인 경우	1,560	0.01%
6연번인 경우	40	-

조합을 만들면 좋지 않다. 2연번 출현은 통계를 분석해보면 보통 2회~3회 정도 나온 뒤에는 연번이 없는 번호 조합이 당첨번호로 나온다. 따라서 최근 2~3주간 당첨번호에 2연번이 있었는지 확인해 2연번 출현이 없었다면 2연번을 선택하는 것이 보다 효율적이다. 반대로 최근 2~3주간 연번이 출현했었다면 연번이 없는 번호 조합을 선택하면 된다. 이렇게 하면 확률이 더욱 높은 로또를 할 수 있다.

이월수 통계

　직전 회차 당첨번호 중 1개 이상이 이번 주에 당첨번호로 나오는 확률은 평균 50%나 된다. 나오지 않을 확률도 약 50%이다. 이월수가 2개 나오는 회차도 있다. 다음의 표를 보면 900회 기준으로 10주 동안 이월수가 어떻게 나왔는지 알 수 있다.

　891회 당첨번호였던 9번이 892회 당첨번호로 이월되어 나왔고, 892회부터 897회까지 6주 동안 이월수가 계속 출현하였으며 896회, 897회는 2주 연속 이월수가 2개씩 출현하기도 했다. 종합해보면 10주 동안 이월수가 총 7회 출현했고 3번은 이월수가 없었다. 이월수의 평균 출현 확률인 50%보다 높았던 기간이다.

900회 기준 이월수 출현 현황

회차	번호1	번호2	번호3	번호4	번호5	번호6
900회	7	13	16	18	35	38
899회	8	19	20	**21**	33	39
898회	18	21	28	35	37	42
897회	6	7	**12**	22	**26**	36
896회	5	12	25	**26**	**38**	45
895회	16	26	31	38	39	**41**
894회	19	32	37	40	**41**	43
893회	1	15	**17**	23	25	41
892회	4	**9**	17	18	26	42
891회	9	13	28	31	39	41

회차	번호1	번호2	번호3	번호4	번호5	번호6
910회 기준 이월수 출현 현황						
910회	1	11	17	27	**35**	39
909회	7	24	29	30	34	35
908회	3	16	**21**	22	23	**44**
907회	21	27	29	38	40	44
906회	2	5	14	28	31	32
905회	3	4	16	27	38	40
904회	**2**	6	8	26	43	45
903회	2	15	16	21	22	28
902회	7	19	**23**	24	36	39
901회	5	**18**	20	23	30	34

이월수 출현 확률이 50%라고 했으니 다음의 표를 통해 901~910회의 미래 회차를 예상해보면 앞으로 10주 동안은 이월수가 비교적 약하게 출현할 것이라는 것을 예측할 수 있다.

앞의 표를 살펴보면 891~900회 10주 동안은 이월수 출현이 평균 확률인 50% 보다 높게 출현했었다. 따라서 901~910회는 이월수 출현 확률이 다소 낮아질 것을 예측할 수 있었고, 10주 동안 이월수가 총 5회 출현했고 5회는 출현이 없었다.

이월수가 나오지 않았으니 나온다고 하는 것은 잘못된 결정이다. 또한 나오고 있으니 계속 나온다고 하는 것도 잘못된 결정이다. 가장 합리적인 결정을 하기 위해서는 평균 통계를 대입해서 결정을 해야 한다.

평균 출현 확률이 50%인데 최근 출현이 70%이면 미래에는 출현 확률이 낮아질 것이라고 볼 수 있다. 반대로 최근 출현이 30%이면 미래에는 출현 확률이 높아질 것이라고 예측하는 것이 합리적인 통계 분석이다. 즉, 합리적 결정을 위해서는 항상 평균 통계를 기준으로 과거 통계를 보고 미래 예측을 해야 한다.

볼의 색상 통계

로또번호는 단번대 노란색, 10번대 파란색, 20번대 빨간색, 30번대 검은색, 40번대 녹색으로 총 5개 볼의 색상으로 되어 있다. 볼의 색상 통계를 정확히 이해하고 있는 것은 매우 중요하다. 볼의 색상 출현 통계를 알고 있으면 조합을 할 때 당첨 확률이 높은 조합을 선택할 수 있게 된다.

볼의 색상 통계에서 가장 중요한 부분은 '조합을 만들 때 볼의 색상을 어떻게 구성할 것인가'이다. 예를 들어 1, 2, 3, 4, 5, 6과 같은 번호 조합은 볼의 색상을 1개만 사용한 경우인데 이렇게 볼의 색상이 한 개로만 당첨번호는 안 나온다. 또한 볼의 색상 5개가 모두 들어가는 번호 조합의 확률도 아주 낮다.

볼의색상 통계 1회~936회

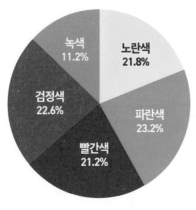

볼의 색상	출현율
노란색(1번~10번)	21.8%
파란색(11번~20번)	23.2%
빨간색(21번~30번)	21.2%
검정색(31번~40번)	22.6%
녹색(41번~45번)	11.2%

볼의색상 통계 837회~936회

볼의 색상	출현율
노란색(1번~10번)	19.2%
파란색(11번~20번)	22.5%
빨간색(21번~30번)	22.2%
검정색(31번~40번)	23.3%
녹색(41번~45번)	12.8%

현재까지 진행된 총 936회의 볼의 색상별 출현율을 확인해 보면 비슷한 비율로 출현하는 것을 확인해 볼 수 있다.

2018년 12월부터 복권수탁사업자가 '나눔로또'에서 '동행복권'으로 변경 후의 837~936회의 100회 통계는 옆의 그림과 같다.

이제 볼의 색상을 몇 개를 선택해야 하는지 다음의 표를 통해 알아보자.

첫째, 50회 동안의 볼의 색상 출현 통계를 확인해 보면 볼의 색상이 5개 모두 출현하는 회차는 10%의 확률이다. 그러니 번호를 선택할 때 볼의 색상이 5개 이상으로 구성되는 조합은 1등 당첨의 확률이 낮아진다.<표 1 참조>

둘째, 50회 동안의 볼의 색상 출현 통계를 확인해 보면 볼의 색상이 2개 이하로 출현하는 회차는 2회뿐이다. 확률로 보면 96% 확률로 볼의 색상은 3개 이상이 나오는 것이다.<표 2 참조>

지금까지 살펴본 볼의 색상 출현 통계를 종합해서 분석해 보면 분석 결과는 다음과 같다.

회차	당첨번호						회차	당첨번호					
	1	2	3	4	5	6		1	2	3	4	5	6
888	3	7	12	31	34	38	863	16	21	28	35	39	43
887	8	14	17	27	36	45	862	10	34	38	40	42	43
886	19	23	28	37	42	45	861	11	17	19	21	22	25
885	1	3	24	27	39	45	860	4	8	18	25	27	32
884	4	14	23	28	37	45	859	8	22	35	38	39	41
883	9	18	32	33	37	44	858	9	13	32	38	39	43
882	18	34	39	43	44	45	857	6	10	16	28	34	38
881	4	18	20	26	27	32	856	10	24	40	41	43	44
880	7	17	19	23	24	45	855	8	15	17	19	43	44
879	1	4	10	14	15	35	854	20	25	31	32	36	43
878	2	6	11	16	25	31	853	2	8	23	26	27	44
877	5	17	18	22	23	43	852	11	17	28	30	33	35
876	5	16	21	26	34	42	851	14	18	22	26	31	44
875	19	22	30	34	39	44	850	16	20	24	28	36	39
874	1	15	19	23	28	42	849	5	13	17	29	34	39
873	3	5	12	13	33	39	848	1	2	16	22	38	39
872	2	4	30	32	33	43	847	12	16	26	28	30	42
871	2	6	12	26	30	34	846	5	18	30	41	43	45
870	21	25	30	32	40	42	845	1	16	29	33	40	45
869	2	6	20	27	37	39	844	7	8	13	15	33	45
868	12	17	28	41	43	44	843	19	21	30	33	34	42
867	14	17	19	22	24	40	842	14	26	32	36	39	42
866	9	15	29	34	37	39	841	5	11	14	30	33	38
865	3	15	22	32	33	45	840	2	4	11	28	29	43
864	3	7	10	13	25	36	839	3	9	11	12	13	19

50회 동안 볼의 색상이
5개 모두 출현은
총 5건

➡

볼의 색상
5개 구성은
10% 확률

<표 2> 889회 기준 50회차 볼의 색상

회차	당첨번호						회차	당첨번호					
	1	2	3	4	5	6		1	2	3	4	5	6
888	3	7	12	31	34	38	863	16	21	28	35	39	43
887	8	14	17	27	36	45	862	10	34	38	40	42	43
886	19	23	28	37	42	45	861	11	17	19	21	22	25
885	1	3	24	27	39	45	860	4	8	18	25	27	32
884	4	14	23	28	37	45	859	8	22	35	38	39	41
883	9	18	32	33	37	44	858	9	13	32	38	39	43
882	18	34	39	43	44	45	857	6	10	16	28	34	38
881	4	18	20	26	27	32	856	10	24	40	41	43	44
880	7	17	19	23	24	45	855	8	15	17	19	43	44
879	1	4	10	14	15	35	854	20	25	31	32	36	43
878	2	6	11	16	25	31	853	2	8	23	26	27	44
877	5	17	18	22	23	43	852	11	17	28	30	33	35
876	5	16	21	26	34	42	851	14	18	22	26	31	44
875	19	22	30	34	39	44	850	16	20	24	28	36	39
874	1	15	19	23	28	42	849	5	13	17	29	34	39
873	3	5	12	13	33	39	848	1	2	16	22	38	39
872	2	4	30	32	33	42	847	12	16	26	28	30	42
871	2	6	12	26	30	34	846	5	18	30	41	43	45
870	21	25	30	32	40	42	845	1	16	29	33	40	45
869	2	6	20	27	37	39	844	7	8	13	15	33	45
868	12	17	28	41	43	44	843	19	21	30	33	34	42
867	14	17	19	22	24	40	842	14	26	32	36	39	42
866	9	15	29	34	37	39	841	5	11	14	30	33	38
865	3	15	22	32	33	45	840	2	4	11	28	29	43
864	3	7	10	13	25	36	839	3	9	11	12	13	19

50회 동안 볼의 색상이
2개 이하는
총 2건

볼의 색상
2개 구성은
4% 확률

볼의 색상을 1개만 선택하는 것은 확률이 0%이다.

볼의 색상을 2개만 선택하는 것은 확률이 4%이다.

볼의 색상을 5개 모두 선택하는 것은 확률이 10%이다.

결론적으로 1등의 확률을 높이기 위해서는 볼의 색상은 3~4개를 선택해야 한다. 참고로 색상 2개 조합수는 237,310 조합이다. 볼의 색상 선택 기준을 잘 적용하면 그만큼 1등 당첨의 확률은 높아진다.

AC 값 완전 정복

AC 값은 산술적 복잡성을 말하는 것으로 무작위로 6개 숫자를 뽑을 경우 숫자 간의 차이가 동일한 가능성이 낮다. 4~10까지의 숫자로 나타나는데, 당첨번호 조합의 AC 값을 보면 6 이상의 AC 값이 주로 나온다. 특히 7, 8, 9, 10번이 많이 나온다. 934회 당첨번호 1, 3, 30, 33, 36, 39로 AC 값을 계산해 보면

39-36/ 39-33/ 39-30/ 39-3/ 39-1

36-33/ 36-30/ 36-3/ 36-1/

33-30/ 33-3/ 33-1/

30-3/ 30-1

3-1

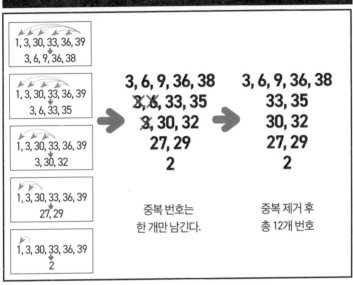

이렇게 당첨번호의 값이 큰 숫자부터 작은 숫자들을 뺀다. 계산 후 중복 번호가 있을 경우 중복 번호 한 개만 남긴다. 따라서 2, 3, 6, 9, 27, 29, 30, 32, 33, 35, 36, 38의 12개 번호가 남는다. 여기서 총 12개 범위를 맞추기 위해 '-5'를 하면 '12-5=7'이 된다. 따라서 최종 934회 당첨번호의 AC 값은 7이 된다. AC 값의 계산은 다소 복잡하니 위의 그림을 보고 참고하기 바란다.

회차	AC값	회차	AC값	회차	AC값
936회	7	916회	7	896회	6
935회	5	915회	8	895회	8
934회	7	914회	9	894회	9
933회	7	913회	8	893회	6
932회	9	912회	6	892회	8
931회	7	911회	8	891회	10
930회	8	910회	8	890회	10
929회	7	909회	6	889회	8
928회	8	908회	9	888회	8
927회	10	907회	6	887회	6
926회	7	906회	8	886회	7
925회	8	905회	7	885회	9
924회	7	904회	8	884회	8
923회	8	903회	5	883회	10
922회	8	902회	7	882회	8
921회	10	901회	10	881회	8
920회	8	900회	8	880회	10
919회	10	899회	7	879회	10
918회	8	898회	7	878회	7
917회	9	897회	8	877회	8

1등 번호의 AC값은 주로 6이상이 된다.

PART **4**

로또 1등이
어려운 패턴

연속 번호 패턴

　복권 판매점에서 직접 확인해 보니 로또를 구입하는 사람 중에 일부는 매주 똑같은 패턴으로 로또를 구매하고 있는 것으로 나타났다. 로또 1등의 핵심은 남들이 찍지 않는 조합을 선택하는 것이다.

　1, 2, 3, 4, 5, 6번과 같은 연속되는 조합을 매주 사는 사람은 복권 판매점마다 있다고 하니, 만약 1등 당첨번호로 나오게 되면 1등 당첨자가 수천 명이 될 것이다.

　1등 당첨자가 평균 10명 안팎이라는 점만 보더라도 1등이 되기 어려울 뿐 아니라, 1등이 돼도 수천 명이 당첨금을 받게 되니 당첨금이 적어진다.

연속되는 번호 6개 패턴

로또 구매 용지 패턴

1	**2**	**3**	**4**	**5**	6	7
8	9	10	11	12	13	14
15	16	17	18	19	20	21
22	23	24	25	26	27	28
29	30	31	32	33	34	35
36	37	38	39	40	41	42
43	44	45				

로또 구매 용지 패턴

1	2	3	4	5	6	7
8	9	10	11	12	13	14
15	16	17	18	19	20	21
22	23	24	25	26	27	28
29	**30**	**31**	**32**	**33**	**34**	35
36	37	38	39	40	41	42
43	44	45				

로또 구매 용지 패턴

1	2	3	4	5	6	7
8	9	10	11	12	13	14
15	**16**	**17**	**18**	**19**	**20**	21
22	23	24	25	26	27	28
29	30	31	32	33	34	35
36	37	38	39	40	41	42
43	44	45				

동일 배수 패턴

　동일 배수로만 6개 번호를 모두 선택하면 1등 당첨번호가 되기 어렵다.

　예를 들어 4, 16, 24, 28, 36, 44번과 같은 4의 배수로 번호 조합을 선택하게 되면, 당첨번호 출현 확률이 낮은 홀짝 비율 0:6의 특징도 포함되어 10번 중에 9번의 기회는 없어지게 된다.

동일 배수 6개 패턴

로또 구매 용지 패턴

1	**2**	3	**4**	5	**6**	7
8	9	**10**	11	**12**	13	14
15	16	17	18	19	20	21
22	23	24	25	26	27	28
29	30	31	32	33	34	35
36	37	38	39	40	41	42
43	44	45				

2의 배수로만 번호 6개를 조합

로또 구매 용지 패턴

1	2	**3**	4	5	**6**	7
8	**9**	10	11	**12**	13	14
15	16	17	**18**	19	20	21
22	23	24	25	26	27	28
29	30	31	32	33	34	35
36	37	38	39	40	41	42
43	44	45				

3의 배수로만 번호 6개를 조합

로또 구매 용지 패턴

1	2	3	**4**	5	6	7
8	9	10	11	12	13	14
15	**16**	17	18	19	20	21
22	23	**24**	25	26	27	**28**
29	30	31	32	33	34	35
36	37	38	39	40	41	42
43	**44**	45				

4의 배수로만 번호 6개를 조합

로또 구매 용지 패턴

1	2	3	4	**5**	6	7
8	9	10	11	12	13	14
15	16	17	18	19	20	21
22	23	24	**25**	26	27	28
29	**30**	31	32	33	34	**35**
36	37	38	39	**40**	41	42
43	44	45				

5의 배수로만 번호 6개를 조합

동일 끝수 패턴

통계를 보면 끝자리 수가 똑같은 동끝수 4개 이상으로 선택하면 1등 당첨번호가 되기 어려우니 피해야 한다.

로또 구매 용지 패턴

1	2	3	4	5	**6**	7
8	9	10	**11**	12	13	14
15	16	17	18	19	20	**21**
22	23	24	25	26	27	28
29	30	**31**	32	33	34	35
36	37	38	39	40	**41**	42
43	44	45				

1끝수를 5개 선택

로또 구매 용지 패턴

1	**2**	3	4	5	6	7
8	9	10	11	**12**	13	14
15	16	17	18	19	20	21
22	23	24	25	26	27	28
29	30	31	**32**	33	34	35
36	37	38	39	40	41	**42**
43	44	**45**				

2끝수를 5개 선택

로또 구매 용지 패턴

1	2	**3**	4	5	6	7
8	9	10	11	12	**13**	14
15	16	17	18	19	20	21
22	**23**	24	25	26	27	28
29	30	31	32	**33**	34	35
36	37	38	39	40	41	**42**
43	44	45				

3끝수를 5개 선택

로또 구매 용지 패턴

1	2	3	**4**	5	6	7
8	9	10	11	12	13	**14**
15	16	17	18	19	20	21
22	23	**24**	25	26	27	28
29	30	31	32	33	**34**	35
36	37	38	39	40	41	42
43	**44**	45				

4끝수를 5개 선택

28번 이하 패턴

로또 구매 용지 패턴						
1	2	3	**4**	5	6	7
8	9	**10**	11	12	13	**14**
15	16	17	18	**19**	20	21
22	23	24	25	26	**27**	28
29	30	31	32	33	34	35
36	37	38	39	40	41	42
43	44	45				

통계를 보면 당첨번호 6개 중에 끝번호가 28번 이하로 당첨되는 것은 홀짝 비율 6:0, 0:6보다도 확률적으로 어렵다. 끝번호는 항상 가로 5, 6, 7라인에 위치해야 한다.

28번 이하로 끝나는 번호로 1등 당첨번호가 되는 것은 1년에 1~2회다.

22번 이상 패턴

로또 구매 용지 패턴						
1	2	3	4	5	6	7
8	9	10	11	12	13	14
15	16	17	18	19	20	21
22	23	24	**25**	26	27	28
29	**30**	31	32	33	34	**35**
36	37	38	39	**40**	41	42
43	44	**45**				

통계를 보면 당첨번호 6개 중에 시작번호가 22번 이상으로 당첨되는 것 또한 홀짝 비율 6:0, 0:6보다 확률적으로 어렵다. 시작번호는 항상 가로 1, 2, 3라인에 위치해야 한다.

22번 이상으로 시작되는 번호로 1등 당첨번호가 되는 것은 평균 1년에 1~2회다.

대각선 패턴

복권 판매점에 직접 확인해 보니 매주 아래와 같은 대각선 패턴을 구매하는 사람들이 판매점마다 몇 명씩은 있다고 한다. 전국적으로는 수천 명의 사람들이 있을 테니 1등이 되기 어렵고, 1등이 돼도 당첨금은 매우 적을 수밖에 없다.

로또 구매 용지 패턴

1	2	3	4	5	**6**	7
8	9	10	11	**12**	13	14
15	16	17	**18**	19	20	21
22	23	**24**	25	26	27	28
29	**30**	31	32	33	34	35
36	37	38	39	40	41	42
43	44	45				

로또 구매 용지 패턴

1	2	3	4	5	6	7
8	9	10	11	12	13	**14**
15	16	17	18	19	**20**	21
22	23	24	25	**26**	27	28
29	30	31	**32**	33	34	35
36	37	**38**	39	40	41	42
43	**44**	45				

로또 구매 용지 패턴

1	2	3	4	5	6	**7**
8	9	10	11	12	**13**	14
15	16	17	18	**19**	20	21
22	23	24	**25**	26	27	28
29	30	**31**	32	33	34	35
36	**37**	38	39	40	41	42
43	44	45				

로또 구매 용지 패턴

1	2	3	4	5	6	7
8	**9**	10	11	12	13	14
15	16	**17**	18	19	20	21
22	23	24	**25**	26	27	28
29	30	31	32	**33**	34	35
36	37	38	39	40	**41**	42
43	44	45				

대각선 응용 패턴

역대 당첨번호 패턴을 분석해 보면 아래와 같은 대각선 응용 패턴으로 1등이 된 적은 없다. 로또 1등이 되기 위해서는 대각선에는 3개 이상의 번호를 선택하지 않는 것이 좋다.

대각선 응용 패턴

로또 구매 용지 패턴

1	2	3	4	5	6	7
8	**9**	10	11	12	13	14
15	16	**17**	18	19	20	21
22	23	24	**25**	26	27	28
29	30	31	32	**33**	34	35
36	37	**38**	39	40	41	42
43	44	45				

로또 구매 용지 패턴

1	2	3	4	5	6	7
8	**9**	10	11	12	13	14
15	16	**17**	18	19	20	21
22	23	24	**25**	26	27	28
29	30	31	32	**33**	34	35
36	37	38	**39**	40	41	42
43	44	45				

로또 구매 용지 패턴

1	2	3	4	5	6	**7**
8	9	10	11	12	**13**	14
15	16	17	18	**19**	20	21
22	23	24	**25**	26	27	28
29	30	**31**	32	33	34	35
36	37	38	39	**40**	41	42
43	44	45				

로또 구매 용지 패턴

1	2	3	4	5	6	**7**
8	9	10	11	12	**13**	14
15	16	17	18	**19**	20	21
22	23	24	**25**	26	27	28
29	30	**31**	32	33	34	35
36	37	38	**39**	40	41	42
43	44	45				

특정 형태의 모양을 만드는 패턴

　로또 1등 당첨은 평균 10명이 나온다. 1등이 되기 위해서는 평균 10명이 선택하는 패턴을 선택해야 하는데, 특정 형태의 패턴을 많은 사람들이 선택하고 있으니 피해야 한다. 1등이 당첨되기 위해서는 다음 그림과 같은 특정 형태의 패턴은 피해서 구매해야 한다.

피해야 할 특정 형태 패턴 1

로또 구매 용지 패턴

1	2	3	4	5	6	**7**
8	9	10	11	12	13	14
15	16	17	**18**	19	20	21
22	23	24	**25**	26	27	28
29	30	31	32	33	34	35
36	37	38	39	40	41	**42**
43	44	45				

로또 구매 용지 패턴

1	**2**	3	4	5	6	7
8	9	**10**	11	12	13	14
15	**16**	17	18	19	20	21
22	23	**24**	25	26	27	28
29	**30**	31	32	33	34	35
36	37	**38**	39	40	41	42
43	44	45				

로또 구매 용지 패턴

1	2	3	4	5	6	7
8	9	10	**11**	12	13	14
15	16	**17**	18	**19**	20	21
22	23	24	25	26	27	28
29	30	**31**	32	**33**	34	35
36	37	38	**39**	40	41	42
43	44	45				

로또 구매 용지 패턴

1	2	3	4	5	6	7
8	9	10	11	12	13	14
15	**16**	**17**	18	19	20	21
22	23	24	**25**	**26**	27	28
29	30	31	32	33	**34**	**35**
36	37	38	39	40	41	42
43	44	45				

피해야 할 특정 형태 패턴 2

로또 구매 용지 패턴

1	2	3	4	5	6	7
8	**9**	10	11	12	**13**	14
15	16	17	18	19	20	21
22	**23**	24	25	26	**27**	28
29	30	31	32	33	34	35
36	**37**	38	39	40	**41**	42
43	44	45				

로또 구매 용지 패턴

1	2	3	4	5	6	7
8	9	10	**11**	12	13	14
15	16	**17**	18	19	**20**	21
22	**23**	24	25	**26**	27	28
29	30	31	**32**	33	34	35
36	37	38	39	40	41	42
43	44	45				

로또 구매 용지 패턴

1	2	3	4	5	6	7
8	9	10	**11**	12	13	14
15	16	**17**	18	**19**	20	21
22	23	**24**	25	**26**	27	28
29	30	31	**32**	33	34	35
36	37	38	39	40	41	42
43	44	45				

로또 구매 용지 패턴

1	2	3	4	5	6	7
8	**9**	10	11	12	**13**	14
15	16	**17**	18	**19**	20	21
22	23	24	**25**	26	27	28
29	30	31	**32**	33	34	35
36	37	38	39	40	41	42
43	44	45				

로또 구매 용지 패턴

1	2	3	4	5	6	7
8	9	10	**11**	12	13	14
15	16	17	**18**	19	20	21
22	23	**24**	**25**	**26**	27	28
29	30	31	**32**	33	34	35
36	37	38	**39**	40	41	42
43	44	45				

로또 구매 용지 패턴

1	2	3	4	5	6	7
8	9	**10**	**11**	12	13	14
15	16	17	**18**	19	20	21
22	23	24	**25**	26	27	28
29	30	31	**32**	**33**	34	35
36	37	38	39	40	41	42
43	44	45				

로또 구매 용지 패턴

1	2	3	4	5	6	7
8	9	10	**11**	12	13	14
15	16	**17**	18	**19**	20	21
22	**23**	24	**25**	26	**27**	28
29	30	31	32	33	34	35
36	37	38	39	40	41	42
43	44	45				

로또 구매 용지 패턴

1	2	3	4	5	6	7
8	9	10	11	12	13	14
15	**16**	17	**18**	19	**20**	21
22	23	24	25	26	**27**	28
29	30	31	32	33	**34**	35
36	37	38	39	40	**41**	42
43	44	45				

3연번 이상의 패턴

전체 조합에서 3연번 이상의 조합수는 로또 전체 조합의 5% 밖에 되지 않는다. 실제 1등 당첨번호들의 통계를 확인해도 3연번 이상으로는 당첨번호가 되기 어렵다.

로또번호 연번 조합		
연번	**조합수**	**비율(%)**
연번이 없는 경우	**3,838,380**	**47.12%**
2연번인 경우	**3,848,260**	**47.25%**
3연번인 경우	425,620	5.22%
4연번인 경우	31,200	0.38%
5연번인 경우	1,560	0.01%
6연번인 경우	40	-

시작번호 15번 이상의 패턴

15번부터 45번까지의 총 30개의 번호의 조합수는 736, 281개이다.

당첨번호 출현 통계를 확인해보면 시작번호가 15번 이상인 경우는 평균적으로 10회 중에 2회 이내이다. 2회 중에는 시작번호가 20번대로 시작하는 경우도 종종 포함된다.

로또용지 가로 3라인의 시작번호 15번 이상의 번호로 시작하는 당첨번호의 확률은 20%도 안 된다. 로또 1등의 확률을 높이기 위해서는 가로 3라인의 15번 이상으로, 시작번호 선택은 로또 분석을 통해 출현이 임박한 회차가 아니면 가급적 피하는 것이 확률을 높이는 방법이다.

889회 기준 50회차 시작번호

회차	당첨번호						회차	당첨번호					
	1	2	3	4	5	6		1	2	3	4	5	6
888	3	7	12	31	34	38	863	16	21	28	35	39	43
887	8	14	17	27	36	45	862	10	34	38	40	42	43
886	19	23	28	37	42	45	861	11	17	19	21	22	25
885	1	3	24	27	39	45	860	4	8	18	25	27	32
884	4	14	23	28	37	45	859	8	22	35	38	39	41
883	9	18	32	33	37	44	858	9	13	32	38	39	43
882	18	34	39	43	44	45	857	6	10	16	28	34	38
881	4	18	20	26	27	32	856	10	24	40	41	43	44
880	7	17	19	23	24	45	855	8	15	17	19	43	44
879	1	4	10	14	15	35	854	20	25	31	32	36	43
878	2	6	11	16	25	31	853	2	8	23	26	27	44
877	5	17	18	22	23	43	852	11	17	28	30	33	35
876	5	16	21	26	34	42	851	14	18	22	26	31	44
875	19	22	30	34	39	44	850	16	20	24	28	36	39
874	1	15	19	23	28	42	849	5	13	17	29	34	39
873	3	5	12	13	33	39	848	1	2	16	22	38	39
872	2	4	30	32	33	43	847	12	16	26	28	30	42
871	2	6	12	26	30	34	846	5	18	30	41	43	45
870	21	25	30	32	40	42	845	1	16	29	33	40	45
869	2	6	20	27	37	39	844	7	8	13	15	33	45
868	12	17	28	41	43	44	843	19	21	30	33	34	42
867	14	17	19	22	24	40	842	14	26	32	36	39	42
866	9	15	29	34	37	39	841	5	11	14	30	33	38
865	3	15	22	32	33	45	840	2	4	11	28	29	43
864	3	7	10	13	25	36	839	3	9	11	12	13	19

최근 50회차 시작번호가 15이상은 총 8건 ➡ 시작번호 20 이상은 총 2건

끝번호 30번 미만의 패턴

    통계를 확인해보면 100회 중에 1회 정도나 끝번호가 10번 대로 끝난다. 또한 끝번호가 20번대로 끝나는 경우도 1년에 3~4회 정도다. 다음의 통계를 보면 889회 기준의 50회차 끝 번호 통계에서도 30번 미만의 끝번호는 가장 아래쪽의 839 회 1회 밖에 없다.

    끝번호가 35 이하로 끝나는 당첨번호도 50회 중에 7회 밖에 안된다. 따라서 로또 조합을 할 때 끝번호를 30번 이하로 구성을 하지 않으면 593,775개 조합을 선택하지 않게 되어 자연스럽게 로또 1등의 확률은 높아진다.

회차	당첨번호						회차	당첨번호					
	1	2	3	4	5	6		1	2	3	4	5	6
888	3	7	12	31	34	38	863	16	21	28	35	39	43
887	8	14	17	27	36	45	862	10	34	38	40	42	43
886	19	23	28	37	42	45	861	11	17	19	21	22	25
885	1	3	24	27	39	45	860	4	8	18	25	27	32
884	4	14	23	28	37	45	859	8	22	35	38	39	41
883	9	18	32	33	37	44	858	9	13	32	38	39	43
882	18	34	39	43	44	45	857	6	10	16	28	34	38
881	4	18	20	26	27	32	856	10	24	40	41	43	44
880	7	17	19	23	24	45	855	8	15	17	19	43	44
879	1	4	10	14	15	35	854	20	25	31	32	36	43
878	2	6	11	16	25	31	853	2	8	23	26	27	44
877	5	17	18	22	23	43	852	11	17	28	30	33	35
876	5	16	21	26	34	42	851	14	18	22	26	31	44
875	19	22	30	34	39	44	850	16	20	24	28	36	39
874	1	15	19	23	28	42	849	5	13	17	29	34	39
873	3	5	12	13	33	39	848	1	2	16	22	38	39
872	2	4	30	32	33	43	847	12	16	26	28	30	42
871	2	6	12	26	30	34	846	5	18	30	41	43	45
870	21	25	30	32	40	42	845	1	16	29	33	40	45
869	2	6	20	27	37	39	844	7	8	13	15	33	45
868	12	17	28	41	43	44	843	19	21	30	33	34	42
867	14	17	19	22	24	40	842	14	26	32	36	39	42
866	9	15	29	34	37	39	841	5	11	14	30	33	38
865	3	15	22	32	33	45	840	2	4	11	28	29	43
864	3	7	10	13	25	36	839	3	9	11	12	13	19

최근 50회차 끝번호가
30 미만은 총 1건

➡

끝번호 35 이하는
총 7건

가로 한 줄에 4개 번호 패턴

937회						
1	2	3	4	5	6	7
8	9	10	11	12	13	14
15	16	17	18	19	20	21
22	23	24	25	26	27	28
29	30	31	32	33	34	35
36	37	38	39	40	41	42
43	44	45				

옆의 패턴처럼 가로 라인 한 줄에 4개 이상의 번호를 선택하는 것은 로또 1등의 확률을 높이는 것이 아니라 없애는 것이다.

동행복권 837~936회 100회 동안 909회 1회만 가로 5라인 한줄에 4개가 찍혔다.

세로 한 줄에 4개 번호 패턴

937회						
1	**2**	3	4	5	6	7
8	9	10	11	12	**13**	14
15	**16**	17	18	19	20	21
22	23	24	25	**26**	27	28
29	**30**	31	32	33	34	35
36	**37**	38	39	40	41	42
43	44	45				

옆의 패턴처럼 세로 라인 한 줄에 4개 이상의 번호를 선택하는 것도 확률이 지극히 낮아진다.

동행복권 837~936회, 총 100회 동안 860회, 898회 두 번만 세로 라인 한 줄에 4개가 찍혔다.

이월수가 2개 이상 패턴

이월수 즉, 직전 회차 당첨번호 6개 중에서 2개 이상의 번호를 선택하면 1등 당첨 확률이 낮아진다. 동행복권 837~926회까지 100회 동안 출현 현황 통계를 확인해보면 당첨번호 6개에 이월수가 없거나 1개인 경우가 대부분이다.

이웃수 조합 패턴

　직전 회차 당첨번호의 이웃수로만 6개 번호 조합을 하면 안 된다. 직전 회차 당첨번호 7, 12, 19, 25, 32, 45를 예를 들어 로또 조합을 6, 11, 20, 26, 33, 44번과 같이 이웃수로만 하면 1등이 되기 어렵다.

　동행복권 837~926회까지 100회 동안 이웃수 4개 출현도 1회 밖에 없으며 이웃수 5개 이상은 출현 회수가 없다.

PART 5

로또 당첨
1등 조합기법

1등 당첨번호 패턴
(30개 최초 공개)

필자는 100% 적중되는 패턴을 찾기 위해 수년간 연구를 했다. 이 책의 독자들을 위해 99% 이상의 적중률을 보여주는 패턴의 일부를 최초 공개한다. 로또 당첨에 분명 도움이 될 것이라 생각한다.

다음 페이지들의 패턴 그림을 보면 당첨번호 6개가 패턴 번호만으로 구성했을 때 1등이 될 수 없는 것을 보여준다.

99% 적중 패턴(1)

아래의 번호로만 6개 번호를 조합해서 1등이 안 될 확률은 99%

1	2	3	4	5	6	7
8	9	10	11	12	13	14
15	16	17	18	19	20	21
22	23	24	25	26	27	28
29	30	31	32	33	34	35
36	37	38	39	40	41	42
43	44	45				

- 단번대 : 2, 6, 9
- 10번대 : 11, 13, 17, 20
- 20번대 : 22, 24, 25, 27, 28, 29
- 30번대 : 31, 33, 34, 36, 39
- 40번대 : 41, 42, 43, 44

99% 적중 패턴(2)

아래의 번호로만 6개 번호를 조합해서 1등이 안 될 확률은 99%

1	2	3	4	5	6	7
8	9	10	11	12	13	14
15	16	17	18	19	20	21
22	23	24	25	26	27	28
29	30	31	32	33	34	35
36	37	38	39	40	41	42
43	44	45				

- 단번대 : 2, 6, 9
- 10번대 : 11, 13, 16, 17, 19
- 20번대 : 22, 23, 25, 26, 28, 30
- 30번대 : 31, 33, 35, 36, 37, 39
- 40번대 : 42

■ 99% 적중 패턴(3)

아래의 번호로만 6개 번호를 조합해서 1등이 안 될 확률은 99%

1	2	3	4	5	6	7
8	9	10	11	12	13	14
15	16	17	18	19	20	21
22	23	24	25	26	27	28
29	30	31	32	33	34	35
36	37	38	39	40	41	42
43	44	45				

- 단번대 : 1, 2
- 10번대 : 11, 13, 17, 19
- 20번대 : 22, 23, 26, 29
- 30번대 : 31, 34, 37, 38
- 40번대 : 41, 43

■ 99% 적중 패턴(4)

아래의 번호로만 6개 번호를 조합해서 1등이 안 될 확률은 99%

1	2	3	4	5	6	7
8	9	10	11	12	13	14
15	16	17	18	19	20	21
22	23	24	25	26	27	28
29	30	31	32	33	34	35
36	37	38	39	40	41	42
43	44	45				

- 단번대 : 6, 7, 9
- 10번대 : 11, 17, 19
- 20번대 : 24, 27, 28
- 30번대 : 30, 33, 35, 37
- 40번대 : 40, 41

■ 99% 적중 패턴(5)

아래의 번호로만 6개 번호를 조합해서 1등이 안 될 확률은 99%

1	2	3	4	5	6	7
8	9	10	11	12	13	14
15	16	17	18	19	20	21
22	23	24	25	26	27	28
29	30	31	32	33	34	35
36	37	38	39	40	41	42
43	44	45				

- 단번대 : 1, 2, 3, 4, 5, 6, 7, 8
- 10번대 : 16, 19
- 20번대 : 22, 23, 24, 25, 26, 27, 28, 29, 30
- 30번대 : 32, 33, 34, 39

■ 99% 적중 패턴(6)

아래의 번호로만 6개 번호를 조합해서 1등이 안 될 확률은 99%

1	2	3	4	5	6	7
8	9	10	11	12	13	14
15	16	17	18	19	20	21
22	23	24	25	26	27	28
29	30	31	32	33	34	35
36	37	38	39	40	41	42
43	44	45				

- 단번대 : 1, 2, 3, 4, 6, 7, 10
- 10번대 : 18, 20
- 20번대 : 21, 22, 23, 24, 25, 28
- 30번대 : 35, 37, 40
- 40번대 : 42, 43, 44, 45

■ 99% 적중 패턴(7)

아래의 번호로만 6개 번호를 조합해서 1등이 안 될 확률은 99%

1	2	3	4	5	6	7
8	9	10	11	12	13	14
15	16	17	18	19	20	21
22	23	24	25	26	27	28
29	30	31	32	33	34	35
36	37	38	39	40	41	42
43	44	45				

- 단번대 : 1, 2, 4, 5, 6, 7, 8, 9
- 10번대 : 11, 12, 15, 16, 20
- 20번대 : 21, 22, 24, 28
- 30번대 : 32, 36, 40
- 40번대 : 44, 45

■ 99% 적중 패턴(8)

아래의 번호로만 6개 번호를 조합해서 1등이 안 될 확률은 99%

1	2	3	4	5	6	7
8	9	10	11	12	13	14
15	16	17	18	19	20	21
22	23	24	25	26	27	28
29	30	31	32	33	34	35
36	37	38	39	40	41	42
43	44	45				

- 단번대 : 1, 2, 4, 5, 7, 8, 10
- 10번대 : 13, 14, 15, 17
- 20번대 : 24, 25, 27, 28
- 30번대 : 31, 36, 40
- 40번대 : 41, 44, 45

■ 99% 적중 패턴(9)

아래의 번호로만 6개 번호를 조합해서 1등이 안 될 확률은 99%

1	2	3	4	5	6	7
8	9	10	11	12	13	14
15	16	17	18	19	20	21
22	23	24	25	26	27	28
29	30	31	32	33	34	35
36	37	38	39	40	41	42
43	44	45				

- 단번대 : 1, 2, 4, 6, 7, 9
- 10번대 : 11, 13, 14, 15, 16, 18
- 20번대 : 23, 25, 26, 27, 30
- 30번대 : 32, 34, 36, 37, 39, 40
- 40번대 : 43, 44, 45

■ 99% 적중 패턴(10)

아래의 번호로만 6개 번호를 조합해서 1등이 안 될 확률은 99%

1	2	3	4	5	6	7
8	9	10	11	12	13	14
15	16	17	18	19	20	21
22	23	24	25	26	27	28
29	30	31	32	33	34	35
36	37	38	39	40	41	42
43	44	45				

- 단번대 : 1, 2, 3, 4, 5, 6
- 10번대 : 13, 17, 18, 19
- 20번대 : 22, 23, 24, 26, 29, 30
- 30번대 : 31, 32, 33, 36, 37, 38, 39, 40
- 40번대 : 42, 44

■ 99% 적중 패턴(11)

아래의 번호로만 6개 번호를 조합해서 1등이 안 될 확률은 99%

1	2	3	4	5	6	7
8	9	10	11	12	13	14
15	16	17	18	19	20	21
22	23	24	25	26	27	28
29	30	31	32	33	34	35
36	37	38	39	40	41	42
43	44	45				

• 단번대 : 1, 3, 6, 8

• 10번대 : 11, 16, 17, 18, 19, 20

• 20번대 : 21, 23, 24, 25, 26, 28

• 30번대 : 31, 33, 34, 35, 37, 38, 40

• 40번대 : 41, 42

■ 99% 적중 패턴(12)

아래의 번호로만 6개 번호를 조합해서 1등이 안 될 확률은 99%

1	2	3	4	5	6	7
8	9	10	11	12	13	14
15	16	17	18	19	20	21
22	23	24	25	26	27	28
29	30	31	32	33	34	35
36	37	38	39	40	41	42
43	44	45				

• 단번대 : 1, 3, 5, 7, 9

• 10번대 : 11, 13, 15, 17

• 20번대 : 22, 23, 24, 25, 26, 27, 28, 30

• 30번대 : 31, 33, 36, 38, 40

• 40번대 : 43, 44, 45

■ 99% 적중 패턴(13)

아래의 번호로만 6개 번호를 조합해서 1등이 안 될 확률은 99%

1	2	3	4	5	6	7
8	9	10	11	12	13	14
15	16	17	18	19	20	21
22	23	24	25	26	27	28
29	30	31	32	33	34	35
36	37	38	39	40	41	42
43	44	45				

- 단번대 : 2, 4, 9, 10
- 10번대 : 12, 13, 16, 17, 20
- 20번대 : 21, 23, 24, 26, 27, 30
- 30번대 : 31, 32, 34, 35, 36, 37, 38
- 40번대 : 41, 42, 44

■ 99% 적중 패턴(14)

아래의 번호로만 6개 번호를 조합해서 1등이 안 될 확률은 99%

1	2	3	4	5	6	7
8	9	10	11	12	13	14
15	16	17	18	19	20	21
22	23	24	25	26	27	28
29	30	31	32	33	34	35
36	37	38	39	40	41	42
43	44	45				

- 단번대 : 8, 9, 10
- 10번대 : 11, 12, 13, 14, 16, 17, 20
- 20번대 : 22, 23, 24, 25, 26, 27, 28, 29, 30
- 30번대 : 32, 35, 39, 40
- 40번대 : 41, 42, 45

■ 99% 적중 패턴(15)

아래의 번호로만 6개 번호를 조합해서 1등이 안 될 확률은 99%

1	2	3	4	5	6	7
8	9	10	11	12	13	14
15	16	17	18	19	20	21
22	23	24	25	26	27	28
29	30	31	32	33	34	35
36	37	38	39	40	41	42
43	44	45				

- 단번대 : 1, 3, 5, 6, 7, 8, 9
- 10번대 : 12, 15, 16, 17, 19
- 20번대 : 22, 23, 26, 29
- 30번대 : 31, 33, 35, 36, 37, 38, 39
- 40번대 : 43, 45

■ 99% 적중 패턴(16)

아래의 번호로만 6개 번호를 조합해서 1등이 안 될 확률은 99%

1	2	3	4	5	6	7
8	9	10	11	12	13	14
15	16	17	18	19	20	21
22	23	24	25	26	27	28
29	30	31	32	33	34	35
36	37	38	39	40	41	42
43	44	45				

- 단번대 : 1, 2, 3, 5, 8, 9, 10
- 10번대 : 15, 16, 17, 18
- 20번대 : 22, 25, 26, 27, 28
- 30번대 : 31, 33, 34, 35, 36, 38, 40
- 40번대 : 41, 42

■ 99% 적중 패턴(17)

아래의 번호로만 6개 번호를 조합해서 1등이 안 될 확률은 99%

1	2	3	4	5	6	7
8	9	10	11	12	13	14
15	16	17	18	19	20	21
22	23	24	25	26	27	28
29	30	31	32	33	34	35
36	37	38	39	40	41	42
43	44	45				

- 단번대 : 1, 7, 9, 10
- 10번대 : 11, 15, 16, 19
- 20번대 : 21, 22, 24, 25, 26, 27, 30
- 30번대 : 32, 34, 36, 37, 38, 40
- 40번대 : 41, 43, 44, 45

■ 99% 적중 패턴(18)

아래의 번호로만 6개 번호를 조합해서 1등이 안 될 확률은 99%

1	2	3	4	5	6	7
8	9	10	11	12	13	14
15	16	17	18	19	20	21
22	23	24	25	26	27	28
29	30	31	32	33	34	35
36	37	38	39	40	41	42
43	44	45				

- 단번대 : 3, 4, 5, 7, 8, 10
- 10번대 : 11, 12, 14, 15, 16, 17, 18, 19
- 20번대 : 23, 28, 29, 30
- 30번대 : 35, 36, 37, 40
- 40번대 : 41, 42, 43

■ 99% 적중 패턴(19)

아래의 번호로만 6개 번호를 조합해서 1등이 안 될 확률은 99%

1	2	3	4	5	6	7
8	9	10	11	12	13	14
15	16	17	18	19	20	21
22	23	24	25	26	27	28
29	30	31	32	33	34	35
36	37	38	39	40	41	42
43	44	45				

- 단번대 : 2, 3, 4, 5, 6, 8, 9, 10
- 10번대 : 12, 15, 16, 18, 19
- 20번대 : 21, 24, 27, 30
- 30번대 : 33, 36, 37, 39, 40
- 40번대 : 42, 43

■ 99% 적중 패턴(20)

아래의 번호로만 6개 번호를 조합해서 1등이 안 될 확률은 99%

1	2	3	4	5	6	7
8	9	10	11	12	13	14
15	16	17	18	19	20	21
22	23	24	25	26	27	28
29	30	31	32	33	34	35
36	37	38	39	40	41	42
43	44	45				

- 단번대 : 3, 8, 9, 10
- 10번대 : 12, 15, 17, 18, 20
- 20번대 : 21, 23, 26, 27, 28, 29, 30
- 30번대 : 32, 33, 36, 37, 38, 39, 40
- 40번대 : 41

■ 99% 적중 패턴(21)

아래의 번호로만 6개 번호를 조합해서 1등이 안 될 확률은 99%

1	2	3	4	5	6	7
8	9	10	11	12	13	14
15	16	17	18	19	20	21
22	23	24	25	26	27	28
29	30	31	32	33	34	35
36	37	38	39	40	41	42
43	44	45				

- 단번대 : 1, 2, 3, 5, 6, 7, 8, 9, 10
- 10번대 : 12, 13, 14, 15, 16, 17, 19
- 20번대 : 21, 30
- 30번대 : 33, 36, 37, 39
- 40번대 : 41, 44

■ 99% 적중 패턴(22)

아래의 번호로만 6개 번호를 조합해서 1등이 안 될 확률은 99%

1	2	3	4	5	6	7
8	9	10	11	12	13	14
15	16	17	18	19	20	21
22	23	24	25	26	27	28
29	30	31	32	33	34	35
36	37	38	39	40	41	42
43	44	45				

- 단번대 : 1, 2, 3, 5, 6, 7, 9
- 10번대 : 11, 13, 16, 17, 19, 20
- 20번대 : 22, 23, 25, 27, 29, 30
- 30번대 : 32, 34, 35, 37, 38
- 40번대 : 41

■ 99% 적중 패턴(23)

아래의 번호로만 6개 번호를 조합해서 1등이 안 될 확률은 99%

1	2	3	4	5	6	7
8	9	10	11	12	13	14
15	16	17	18	19	20	21
22	23	24	25	26	27	28
29	30	31	32	33	34	35
36	37	38	39	40	41	42
43	44	45				

- 단번대 : 2, 3, 6, 8, 9, 10
- 10번대 : 12, 13, 14, 15, 16, 19, 20
- 20번대 : 21, 22, 23, 24, 25, 26, 27, 28
- 30번대 : 33
- 40번대 : 42, 43, 45

■ 99% 적중 패턴(24)

아래의 번호로만 6개 번호를 조합해서 1등이 안 될 확률은 99%

1	2	3	4	5	6	7
8	9	10	11	12	13	14
15	16	17	18	19	20	21
22	23	24	25	26	27	28
29	30	31	32	33	34	35
36	37	38	39	40	41	42
43	44	45				

- 단번대 : 2, 3, 4, 6, 9, 10
- 10번대 : 11, 14, 15, 18, 19
- 20번대 : 23, 24, 26, 27
- 30번대 : 31, 34, 35, 36, 38
- 40번대 : 41, 42, 43, 44

■ 99% 적중 패턴(25)

아래의 번호로만 6개 번호를 조합해서 1등이 안 될 확률은 99%

1	2	3	4	5	6	7
8	9	10	11	12	13	14
15	16	17	18	19	20	21
22	23	24	25	26	27	28
29	30	31	32	33	34	35
36	37	38	39	40	41	42
43	44	45				

- 단번대 : 1, 2, 3, 4, 5, 7
- 10번대 : 12, 13, 15, 18, 20
- 20번대 : 21, 22, 28, 29, 30
- 30번대 : 31, 36, 37, 38, 40
- 40번대 : 43, 44, 45

■ 99% 적중 패턴(26)

아래의 번호로만 6개 번호를 조합해서 1등이 안 될 확률은 99%

1	2	3	4	5	6	7
8	9	10	11	12	13	14
15	16	17	18	19	20	21
22	23	24	25	26	27	28
29	30	31	32	33	34	35
36	37	38	39	40	41	42
43	44	45				

- 단번대 : 1, 2, 4, 5, 6, 7, 8
- 10번대 : 11, 12, 13, 14
- 20번대 : 22, 23, 25, 26, 27, 28, 29, 30
- 30번대 : 32, 39, 40
- 40번대 : 41, 42

■ 99% 적중 패턴(27)

아래의 번호로만 6개 번호를 조합해서 1등이 안 될 확률은 99%

1	2	3	4	5	6	7
8	9	10	11	12	13	14
15	16	17	18	19	20	21
22	23	24	25	26	27	28
29	30	31	32	33	34	35
36	37	38	39	40	41	42
43	44	45				

- 단번대 : 2, 4, 5, 6, 8, 10
- 10번대 : 12, 13, 14, 16, 19
- 20번대 : 22, 24, 25, 28, 30
- 30번대 : 31, 32, 35, 38
- 40번대 : 41, 42, 45

■ 99% 적중 패턴(28)

아래의 번호로만 6개 번호를 조합해서 1등이 안 될 확률은 99%

1	2	3	4	5	6	7
8	9	10	11	12	13	14
15	16	17	18	19	20	21
22	23	24	25	26	27	28
29	30	31	32	33	34	35
36	37	38	39	40	41	42
43	44	45				

- 단번대 : 1, 7, 9, 10
- 10번대 : 12, 13, 16, 17, 18, 19
- 20번대 : 23, 24, 25, 28, 30
- 30번대 : 31, 33, 34, 37, 40
- 40번대 : 41, 42

■ 99% 적중 패턴(29)

아래의 번호로만 6개 번호를 조합해서 1등이 안 될 확률은 99%

1	2	3	4	5	6	7
8	9	10	11	12	13	14
15	16	17	18	19	20	21
22	23	24	25	26	27	28
29	30	31	32	33	34	35
36	37	38	39	40	41	42
43	44	45				

- 단번대 : 1, 2, 9, 10
- 10번대 : 11, 12, 13, 14, 20
- 20번대 : 23, 24, 26, 27, 30
- 30번대 : 34, 36, 38, 39, 40
- 40번대 : 41, 42, 44

■ 99% 적중 패턴(30)

아래의 번호로만 6개 번호를 조합해서 1등이 안 될 확률은 99%

1	2	3	4	5	6	7
8	9	10	11	12	13	14
15	16	17	18	19	20	21
22	23	24	25	26	27	28
29	30	31	32	33	34	35
36	37	38	39	40	41	42
43	44	45				

- 단번대 : 1, 7, 8
- 10번대 : 14, 15, 16, 17, 18, 19, 20
- 20번대 : 21, 28, 29
- 30번대 : 31, 32, 33, 34, 35, 36
- 40번대 : 42, 43

앞에 수록된 30개의 패턴은 실제 로또9단의 조합기법에도 적용되는 귀중한 자료이다. 여기서 최초 공개한 30개의 패턴을 잘 활용하여 로또 당첨의 확률을 높이기 바란다.

소삼합(소수, 3배수, 합성수)

소삼합 기법은 소수, 3배수, 합성수의 앞 글자 약어이다. 결론부터 얘기하면 소삼합은 각각 당첨번호로 5개 이상 잘 안 나온다. 또한 4개도 10% 이내로 출현하니 주로 0~3개 선택하는 것이 확률이 높다.

소수 번호 : 1과 자기 자신 외에 나누어지지 않는 번호를 말한다. 2, 3, 5, 7, 11, 13, 17, 19, 23, 29, 31, 37, 41, 43번으로 14개이다.

3배수 번호 : 3배수는 3, 6, 9, 12, 15, 18, 21, 24, 27, 30, 33, 36, 39, 42, 45번으로 15개이다.

합성수 : 소수 14개의 번호와 3배수 15개 번호를 제외한 번호를 말한다. 1, 4, 8, 10, 14, 16, 20, 22, 25, 26, 28, 32, 34, 35, 38, 40, 44번으로 17개이다.

앞에서 숫자 3은 소수, 3배수에 모두 해당하기 때문에 양쪽에 모두 들어가 있다. 따라서 '소수 14개' + '3배수 15개' + '합성수 17개' = 46이 나오는데, 그 이유는 숫자 3번이 소수와 3배수 모두에 들어있어 중복으로 포함된 이유이다.

소수 선택은 0개~3개

총 14개의 소수 번호들의 당첨번호 출현 통계를 확인해보면 주로 0~3개 출현이 많다. 선택한 번호가 모두 소수의 번호이면 1등은 어렵다. 소수가 5개 출현한 적은 약 100회 동안 1회 밖에 없었다. 그리고 소수 4개 출현도 10회 중 1회 정도이니 소수는 0~3개가 적당하다.

당첨번호에 소수 번호 포함 개수

937회	3개 포함	908회	2개 포함	879회	0개 포함
936회	5개 포함	907회	1개 포함	878회	3개 포함
935회	0개 포함	906회	3개 포함	877회	4개 포함
934회	1개 포함	905회	1개 포함	876회	1개 포함
933회	3개 포함	904회	2개 포함	875회	1개 포함
932회	1개 포함	903회	1개 포함	874회	2개 포함
931회	2개 포함	902회	3개 포함	873회	3개 포함
930회	0개 포함	901회	2개 포함	872회	2개 포함
929회	3개 포함	900회	2개 포함	871회	1개 포함
928회	1개 포함	899회	1개 포함	870회	0개 포함
927회	2개 포함	898회	1개 포함	869회	2개 포함
926회	1개 포함	897회	1개 포함	868회	3개 포함
925회	1개 포함	896회	1개 포함	867회	2개 포함
924회	3개 포함	895회	2개 포함	866회	2개 포함
923회	4개 포함	894회	4개 포함	865회	1개 포함
922회	4개 포함	893회	3개 포함	864회	3개 포함
921회	3개 포함	892회	1개 포함	863회	1개 포함
920회	3개 포함	891회	3개 포함	862회	1개 포함
919회	1개 포함	890회	2개 포함	861회	3개 포함
918회	3개 포함	889회	3개 포함	860회	0개 포함
917회	3개 포함	888회	3개 포함	859회	1개 포함
916회	0개 포함	887회	1개 포함	858회	2개 포함
915회	4개 포함	886회	3개 포함	857회	0개 포함
914회	1개 포함	885회	1개 포함	856회	2개 포함
913회	1개 포함	884회	2개 포함	855회	3개 포함
912회	1개 포함	883회	1개 포함	854회	2개 포함
911회	1개 포함	882회	1개 포함	853회	2개 포함
910회	2개 포함	881회	0개 포함	852회	2개 포함
909회	2개 포함	880회	4개 포함	851회	1개 포함

당첨번호에 3배수 번호 개수

회차	개수	회차	개수	회차	개수
937회	0개 포함	908회	2개 포함	879회	1개 포함
936회	1개 포함	907회	2개 포함	878회	1개 포함
935회	0개 포함	906회	0개 포함	877회	1개 포함
934회	5개 포함	905회	2개 포함	876회	2개 포함
933회	3개 포함	904회	2개 포함	875회	2개 포함
932회	3개 포함	903회	2개 포함	874회	2개 포함
931회	1개 포함	902회	3개 포함	873회	4개 포함
930회	2개 포함	901회	2개 포함	872회	2개 포함
929회	3개 포함	900회	1개 포함	871회	3개 포함
928회	1개 포함	899회	3개 포함	870회	3개 포함
927회	1개 포함	898회	3개 포함	869회	3개 포함
926회	1개 포함	897회	3개 포함	868회	1개 포함
925회	3개 포함	896회	2개 포함	867회	1개 포함
924회	2개 포함	895회	1개 포함	866회	3개 포함
923회	3개 포함	894회	0개 포함	865회	4개 포함
922회	2개 포함	893회	1개 포함	864회	2개 포함
921회	1개 포함	892회	3개 포함	863회	2개 포함
920회	2개 포함	891회	2개 포함	862회	1개 포함
919회	3개 포함	890회	1개 포함	861회	1개 포함
918회	2개 포함	889회	3개 포함	860회	2개 포함
917회	3개 포함	888회	2개 포함	859회	1개 포함
916회	3개 포함	887회	3개 포함	858회	2개 포함
915회	1개 포함	886회	2개 포함	857회	1개 포함
914회	3개 포함	885회	5개 포함	856회	1개 포함
913회	3개 포함	884회	1개 포함	855회	1개 포함
912회	2개 포함	883회	3개 포함	854회	1개 포함
911회	2개 포함	882회	3개 포함	853회	1개 포함
910회	2개 포함	881회	2개 포함	852회	2개 포함
909회	2개 포함	880회	2개 포함	851회	1개 포함

당첨번호에 합성수 번호 포함 개수

937회	3개 포함	908회	2개 포함	879회	5개 포함
936회	0개 포함	907회	3개 포함	878회	2개 포함
935회	6개 포함	906회	3개 포함	877회	1개 포함
934회	0개 포함	905회	3개 포함	876회	3개 포함
933회	0개 포함	904회	2개 포함	875회	3개 포함
932회	2개 포함	903회	3개 포함	874회	2개 포함
931회	3개 포함	902회	0개 포함	873회	0개 포함
930회	4개 포함	901회	2개 포함	872회	2개 포함
929회	0개 포함	900회	3개 포함	871회	2개 포함
928회	4개 포함	899회	2개 포함	870회	3개 포함
927회	3개 포함	898회	2개 포함	869회	1개 포함
926회	4개 포함	897회	2개 포함	868회	2개 포함
925회	2개 포함	896회	3개 포함	867회	3개 포함
924회	1개 포함	895회	3개 포함	866회	1개 포함
923회	0개 포함	894회	2개 포함	865회	1개 포함
922회	0개 포함	893회	2개 포함	864회	1개 포함
921회	2개 포함	892회	2개 포함	863회	3개 포함
920회	1개 포함	891회	1개 포함	862회	4개 포함
919회	2개 포함	890회	3개 포함	861회	2개 포함
918회	1개 포함	889회	0개 포함	860회	4개 포함
917회	0개 포함	888회	1개 포함	859회	4개 포함
916회	3개 포함	887회	2개 포함	858회	2개 포함
915회	1개 포함	886회	1개 포함	857회	5개 포함
914회	2개 포함	885회	0개 포함	856회	3개 포함
913회	2개 포함	884회	3개 포함	855회	2개 포함
912회	3개 포함	883회	2개 포함	854회	3개 포함
911회	3개 포함	882회	2개 포함	853회	3개 포함
910회	2개 포함	881회	4개 포함	852회	2개 포함
909회	2개 포함	880회	0개 포함	851회	4개 포함

3배수 선택은 0개~3개

총 15개의 3배수 번호들의 당첨번호 출현 통계를 확인해 보면 주로 0~3개 출현이 많다. 그리고 선택한 번호가 모두 3 배수 번호이면 1등은 어렵다. 3배수가 5개 출현은 약 100회 동안 2회 밖에 없었다. 3배수가 4개 출현도 거의 없으니 3배 수는 0~3개가 적당하다.

합성수 선택은 0개~3개

총 17개의 합성수 번호들의 당첨번호 출현 통계를 확인 해보면 주로 0~3개 출현이 많다. 그리고 선택한 번호가 모 두 합성수 번호이면 1등은 어렵다. 합성수가 5개 출현은 약 100회 동안 3회 밖에 없었다. 합성수가 4개 출현도 10% 이 내이니 합성수는 0~3개가 적당하다. (당첨번호에 합성수 포 함 개수)

출현 그룹표

로또9단의 '출현 그룹표' 기법은 공개 기법과 비공개 기법이 있다. 이 책에서는 공개 기법을 다룰 예정이다. 추후 로또 분석 책을 몇 권 더 쓰게 된다면 비공개 기법의 일부를 조금씩 추가로 다룰 수 있을 것이다.

1~937회까지 번호별 출현 횟수를 보면 번호별로 출현 횟수가 다르다〈도표 3 참조〉. 34번은 총 146회 출현으로 1위이고 9번은 95회 출현으로 꼴찌다. 34번은 9번에 비해서 51회나 당첨번호 출현 횟수가 많다.

여기에서 로또를 잘 모르고 이제 시작하는 초보자들이 흔히 하는 실수가 당첨번호 출현이 가장 많았던 번호들 위주로 번호 조합을 하는 것인데, 로또 1등 번호는 절대 자주 나오는 번호들로만 구성되어 출현하지 않는다는 것을 알아야 한다.

또한 출현 횟수가 적은 번호만으로도 1등 번호는 나오지 않는다. 바로 이러한 특징을 분석하여 로또9단이 실전에서 활용하는 분석 방법 중 하나가 '출현 그룹표' 분석이다.

즉, 출현 그룹표 분석은 로또번호 45개의 역대 출현 횟수별로 순위를 정한 후, 당첨번호의 출현 특징을 분석하여 매 회차 정해진 규칙에 따라 로또를 구매하는 방법이다.

출현 그룹표 분석을 이해하면 로또번호를 선택하는 기준이 생기고 1등이 되기 어려운 조합이 아닌 1등 확률이 높아지는 조합을 할 수 있게 된다. 이러한 출현 그룹표 분석기법은 로또9단이 고안해낸 고유의 분석기법이다.

출현 그룹표를 이해하기 위해 먼저 당첨번호의 역대 출현 횟수부터 살펴보도록 하겠다. 옆 페이지의 역대 번호별 출현 횟수 순위표를 먼저 살펴보자.

출현 순위를 15개씩 끊어서 그룹을 만들 수 있다. 출현 순위 1~15위를 A그룹으로, 출현 순위 16~30위를 B그룹으로, 출현 순위 31~45위를 C그룹으로 분류할 수 있다. 이렇게 출현 순위별로 그룹을 3개로 나누어 새롭게 정리한 후 번호를

<도표 3> 1회~937회 번호별 당첨번호 출현 횟수 순위

순위	번호	순위	번호	순위	번호
1위	34번	16위	19번	31위	2번
2위	43번	17위	5번	32위	24번
3위	27번	18위	37번	33위	16번
4위	17번	19위	4번	34위	25번
5위	18번	20위	11번	35위	42번
6위	39번	21위	38번	36위	6번
7위	12번	22위	15번	37위	28번
8위	40번	23위	31번	38위	29번
9위	13번	24위	3번	39위	35번
10위	14번	25위	7번	40위	23번
11위	1번	26위	8번	41위	41번
12위	20번	27위	21번	42위	30번
13위	45번	28위	26번	43위	32번
14위	33번	29위	44번	44위	22번
15위	10번	30위	36번	45위	9번

5개씩 구분하면 '출현 그룹표'가 만들어진다.

출현 그룹표에 번호별 최근 미출현 기간을 표시하여 활용할 수도 있다. 로또9단의 유튜브 로또 분석 방송에서는 번호별 최근 미출현 기간인 미출 기간을 추가로 표기해서 보여준다. 번호별 미출현 기간의 중요성은 뒤에서 다루도록 하겠다.

이제, 출현 그룹표가 만들어졌으니 활용을 해야 한다. 그동안의 통계를 기반으로 분석하여 만들어진 출현 그룹표의 기본 특징을 보도록 하겠다.

출현 그룹표의 기본 구성 특징

첫째, 출현 그룹표는 번호의 출현 순위이기 때문에 매 회차가 진행되면서 출현 순위는 바뀔 수 있다.

둘째, 45개 번호를 출현 순위별로 15개씩 나누어 A, B, C 총 3개의 그룹으로 만들었다.

셋째, 출현 그룹표의 각 그룹은 15개의 번호가 있는데 5개씩 1구간, 2구간, 3구간으로 총 3개의 구간을 만들었다.

938회 출현 그룹표

구간	A그룹		B그룹		C그룹	
	순위	번호	순위	번호	순위	번호
1구간	1위	34번	16위	19번	31위	2번
	2위	43번	17위	5번	32위	24번
	3위	27번	18위	37번	33위	16번
	4위	17번	19위	4번	34위	25번
	5위	18번	20위	11번	35위	42번
2구간	6위	39번	21위	38번	36위	6번
	7위	12번	22위	15번	37위	28번
	8위	40번	23위	31번	38위	29번
	9위	13번	24위	3번	39위	35번
	10위	14번	25위	7번	40위	23번
3구간	11위	1번	26위	8번	41위	41번
	12위	20번	27위	21번	42위	30번
	13위	45번	28위	26번	43위	32번
	14위	33번	29위	44번	44위	22번
	15위	10번	30위	36번	45위	9번

출현 순위의 변경 관리 필요

출현 그룹표의 번호별 순위는 번호의 역대 누적 출현 횟수에 따라 변경이 일어날 수 있다. 누적 출현 횟수 통계에 따라 순위를 변경해야 한다. 예를 들어 C그룹 31위인 2번의 역대 출현 횟수는 123회, B그룹 30위인 36번은 124회이다. 출현 횟수가 1회 밖에 차이가 나지 않기 때문에 회차가 계속 진행되다 보면 순위는 언제든 바뀔 수 있다. 따라서 위의 출현 그룹표 순위의 번호는 고정된 것이 아니니 변경 관리를 해주어야 한다.

출현 그룹표의 핵심 특징 체크리스트

출현 그룹표를 활용하는 것은 로또의 꽃이라고 할 수 있는 조합기법에 해당한다. 다음 아래의 주요 특징들을 살펴보자.

첫째, 번호 6개를 특정한 하나의 그룹에서만 선택하지 않는다. 동행복권 837회부터 100회 동안 한 번도 출현 그룹표 A그룹에서만 1등 번호가 나오지 않았다. B그룹, C그룹도 마찬가지다. 꼭 지켜야 한다.

둘째, 한 개의 구간에서만 선택하지 않는다. 출현 그룹표에는 총 3개의 구간이 있다. 1구간, 2구간, 3구간이다. 동행복권 837회부터 100회 동안 한 번도 1구간에서만 1등 번호가 나오지 않았다. 2구간, 3구간도 마찬가지다. 꼭 지켜야 한다.

셋째, A와 C그룹에서만 선택하지 않는다. 100회 중에 한두 번 정도만 A와 C그룹의 번호 30개 만으로 출현하고 99%의 확률로는 A와 C그룹에서만 1등 번호는 잘 안 나온다. 꼭 지켜야 한다.

넷째, 한 개의 그룹에서만 5개 이상 번호를 선택하지 않는다.

다섯째, 한 개의 구간 에서만 5개 이상 번호를 선택하지 않는다.

위의 5가지의 필수 규칙을 꼭 지켜야 한다. 확률 99%이다. 출현 그룹표의 5가지 필수 규칙 적중 현황을 보너스번호까지 총 7개의 번호 적중 결과로 확인해 보자.

932회 출현 그룹표 출현 현황

	A그룹			B그룹			C그룹		
	순위	번호	미출 기간	순위	번호	미출 기간	순위	번호	미출 기간
1구간	1위	34	7주 차	16위	5	11주 차	31위	2	10주 차
	2위	43	이월수	17위	10	4주 차	32위	16	6주 차
	3위	27	10주 차	18위	37	17주 차	33위	25	이월수
	4위	17	9주 차	19위	4	4주 차	34위	36	9주 차
	5위	18	6주 차	20위	11	8주 차	35위	42	7주 차
2구간	6위	12	3주 차	21위	8	2주 차	36위	6	10주 차
	7위	39	2주 차	22위	15	이월수	37위	28	4주 차
	8위	14	이월수	23위	21	2주 차	38위	35	이월수
	9위	40	25주 차	24위	26	12주 차	39위	41	5주 차
	10위	13	7주 차	25위	31	6주 차	40위	23	이월수
3구간	11위	20	4주 차	26위	38	2주 차	41위	29	23주 차
	12위	45	28주 차	27위	3	4주 차	42위	30	23주 차
	13위	1	15주 차	28위	7	3주 차	43위	32	7주 차
	14위	19	3주 차	29위	44	2주 차	44위	22	5주 차
	15위	33	12주 차	30위	24	7주 차	45위	9	3주 차

	A그룹			B그룹			C그룹		
	순위	번호	미출 기간	순위	번호	미출 기간	순위	번호	미출 기간
1구간	1위	34	8주 차	16위	5	12주 차	31위	2	11주 차
	2위	43	2주 차	17위	37	이월수	32위	36	이월수
	3위	27	11주 차	18위	10	5주 차	33위	16	7주 차
	4위	17	10주 차	19위	4	5주 차	34위	25	2주 차
	5위	18	7주 차	20위	11		35위	42	8주 차
2구간	6위	12	4주 차	21위	15	이월수	36위	6	이월수
	7위	39	3주 차	22위	38	이월수	37위	28	5주 차
	8위	14	2주 차	23위	8	3주 차	38위	35	2주 차
	9위	40	26주 차	24위	21	3주 차	39위	41	6주 차
	10위	1	이월수	25위	26	13주 차	40위	23	2주 차
3구간	11위	13	8주 차	26위	31	7주 차	41위	29	24주 차
	12위	20	5주 차	27위	3	5주 차	42위	30	24주 차
	13위	45	29주 차	28위	7	4주 차	43위	32	8주 차
	14위	19	4주 차	29위	44	3주 차	44위	22	6주 차
	15위	33	13주 차	30위	24	8주 차	45위	9	4주 차

933회 출현 그룹표 출현 현황

932회, 933회 출현 그룹표 체크리스트 적중결과 확인	
체크리스트	**결과**
하나의 그룹 15개의 번호에서만 선택하지 않는다.	적중
하나의 구간 15개의 번호에서만 선택하지 않는다.	적중
A와 C그룹에서만 선택하지 않는다.	적중
한 개의 그룹에서만 5개 선택하지 않는다.	적중
한 개의 구간에서만 5개 선택하지 않는다.	적중

약 100만 조합 삼각 패턴
(확률 90%)

로또9단의 패턴 기법 중 '삼각 패턴'에 대해 알아보자. 삼각 패턴은 총 4가지로 구성되어 있다.

삼각 패턴에 해당하는 번호로만 조합을 하면 1등 번호 조합을 하기 어렵다. 앞으로 아래 4개의 삼각 패턴 번호들로만 번호 조합을 안 하면 된다. 삼각 패턴의 번호로만 번호 조합을 하면 로또 1등의 확률은 급격히 높아진다.

삼각 패턴 4개 유형 및 조합수

좌상 삼각 패턴　　376, 740 조합

좌하 삼각 패턴　　134, 596 조합

우상 삼각 패턴　　296, 010 조합

우하 삼각 패턴　　134, 596 조합

총 941, 942 조합

삼각 패턴은 앞의 4개 유형으로 구분되며 총 조합수는 94만 조합으로 로또 전체 조합 814만 조합의 10%가 넘는다. 이렇게 많은 조합수의 확률적 효과를 볼 수 있는 삼각 패턴은 100회가 넘게 실전에서 적용하여 검증된 로또9단이 고안한 1등 조합기법 중 하나이다.

좌상 삼각 패턴

첫째, 좌상 삼각 패턴의 구성은 아래와 같이 삼각형 모양으로 구성이 된다. 좌측 상단 부분에 번호가 많아서 좌상 삼각 패턴이라 명명되었다. 조합수는 376,740 조합이며 동행복권 837~936회의 100회 동안 총 6회 좌상 삼각 패턴의 번호만으로 당첨번호가 나왔고, 94%는 좌상 삼각 패턴만으로 1등 번호가 나오지 않았다. 앞으로 독자분들이 좌상 삼각 패턴의 번호로만 번호 조합을 안 해도 1등 당첨에 보다 가까워질 것이다.

좌상 삼각 패턴						
1	2	3	4	5	6	7
8	9	10	11	12	13	14
15	16	17	18	19	20	21
22	23	24	25	26	27	28
29	30	31	32	33	34	35
36	37	38	39	40	41	42
43	44	45				

	1	2	3	4	5	6	7
	8	9	10	11	12	13	
	15	16	17	18	19		
➜	22	23	24	25			
	29	30	31				
	36	37					
	43						

좌상 삼각 패턴은
376,740 조합

좌상 삼각 패턴으로만 번호 조합을 하면 안 된다. 꼭 삼각 패턴 바깥쪽의 번호와 함께 조합을 해야 한다. 그러면 1등 확률은 높아진다. 삼각 패턴만 활용해도 약 100만 조합의 확률을 줄일 수 있다.

좌하 삼각 패턴

둘째, 좌하 삼각 패턴의 구성은 아래와 같이 삼각형 모양으로 구성이 된다. 좌측 하단 부분에 번호가 많아서 좌하 삼각 패턴이라 명명되었다. 조합수는 134,596조합이며 동행복권 837~936회의 100회동안 좌하 삼각 패턴의 번호만으로 당첨번호는 안 나왔고 100% 좌하 삼각 패턴만으로 1등 번호가 나오지 않았다. 앞으로 독자분들이 좌하 삼각 패턴의 번호로만 번호 조합을 안 해도 1등 당첨에 보다 가까워질 것이다.

좌하 삼각 패턴						
1	2	3	4	5	6	7
8	9	10	11	12	13	14
15	16	17	18	19	20	21
22	23	24	25	26	27	28
29	30	31	32	33	34	35
36	37	38	39	40	41	42
43	44	45				

좌하 삼각 패턴은 134,596 조합

```
1
8  9
15 16 17
➡ 22 23 24 25
29 30 31 32 33
36 37 38 39 40 41
43 44 45
```

좌하 삼각 패턴으로만 번호 조합을 하면 안 된다. 꼭 삼각 패턴 바깥쪽의 번호와 함께 조합을 해야 한다. 그러면 1등 확률은 높아진다. 삼각 패턴만 활용해도 약 100만 조합의 확률을 줄일 수 있다.

우상 삼각 패턴

셋째, 우상 삼각 패턴의 구성은 아래와 같이 삼각형 모양으로 구성이 된다. 우측 상단 부분에 번호가 많아서 우상 삼각 패턴이라 명명되었다. 조합수는 296,010조합이며 동행복권 837~936회의 100회 동안 총 3회 우상 삼각 패턴의 번호만으로 당첨번호가 나왔고 97%는 우상 삼각 패턴만으로 1등 번호가 나오지 않았다. 앞으로 독자분들이 우상 삼각 패턴의 번호로만 번호 조합을 안 해도 1등 당첨에 보다 가까워질 것이다.

우상 삼각 패턴

1	2	3	4	5	6	7
8	9	10	11	12	13	14
15	16	17	18	19	20	21
22	23	24	25	26	27	28
29	30	31	32	33	34	35
36	37	38	39	40	41	42
43	44	45				

➡

1	2	3	4	5	6	7
	9	10	11	12	13	14
		17	18	19	20	21
			25	26	27	28
				33	34	35
					41	42

우상 삼각 패턴은 296,010 조합

우상 삼각 패턴으로만 번호 조합을 하면 안 된다. 꼭 삼각 패턴 바깥쪽의 번호와 함께 조합을 해야 한다. 그러면 1등 확률은 높아진다. 삼각 패턴만 활용해도 약 100만 조합의 확률을 줄일 수 있다.

우하 삼각 패턴

넷째, 우하 삼각 패턴의 구성은 아래와 같이 삼각형 모양으로 구성이 된다. 우측 하단 부분에 번호가 많아서 우하 삼각 패턴이라 명명되었다. 조합수는 134,596조합이며 동행복권 837~936회의 100회 동안 총 1회 우하 삼각 패턴의 번호만으로 당첨번호가 나왔고, 99%는 우하 삼각 패턴만으로 1등 번호가 나오지 않았다. 앞으로 독자분들이 우하 삼각 패턴의 번호로만 번호 조합을 안 해도 1등 당첨에 보다 가까워질 것이다.

우하 삼각 패턴

1	2	3	4	5	6	7
8	9	10	11	12	13	14
15	16	17	18	19	20	21
22	23	24	25	26	27	28
29	30	31	32	33	34	35
36	37	38	39	40	41	42
43	44	45				

➡

우하 삼각 패턴은 134,596 조합

						7
					13	14
				19	20	21
			25	26	27	28
		31	32	33	34	35
	37	38	39	40	41	42
43	44	45				

우하 삼각 패턴으로만 번호 조합을 하면 안 된다. 꼭 삼각 패턴 바깥쪽의 번호와 함께 조합을 해야 한다. 그러면 1등 확률은 높아진다. 삼각 패턴만 활용해도 약 100만 조합의 확률을 줄일 수 있다.

삼각 패턴의 출현 확률 정리

삼각 패턴의 확률을 정리해 보면 동행복권 100회인 837~936회동안, 1등이 총 10회가 나왔으며 상세한 통계는 아래와 같다.

동행복권 100회차

좌상 삼각 패턴	6회
좌하 삼각 패턴	0회
우상 삼각 패턴	3회
우하 삼각 패턴	1회
총 10회	

90%의 확률로 로또 1등 번호는 삼각 패턴만으로 나오지 않았다. 앞으로의 확률도 크게 다르지 않을 것이므로 4개 유형을 숙지하고 삼각 패턴으로만 번호를 모두 선택하지 않도록 습관을 들여야 한다.

유형별로 확률은 조금씩 다르지만 전체적으로도 10%만

삼각 패턴 번호로만 1등 번호가 나왔으니, 앞으로 100만 조합의 확률을 줄이면서 로또를 해 나간다면 분명 이 책의 독자들은 삼각 패턴을 모르는 사람들보다는 행운을 더 빨리 만나게 될 것이다.

40만 조합 퐁당퐁당 패턴
(확률 97%)

　로또9단의 패턴 기법 중 '퐁당퐁당 패턴'에 대해 알아보자. 퐁당 패턴은 총 2가지로 구성되어 있다. 퐁당 패턴의 번호에서만 번호 6개를 모두 선택해서 동행복권 100회(837~936회) 동안, 총 3회만 1등이 나왔고 97% 확률은 퐁당 패턴만으로 구성되지 않았다. 앞으로는 퐁당 패턴에서만 번호 6개를 모두 선택하는 습관을 버려야 한다.

퐁당퐁당 패턴(세로 라인 1, 2 / 4, 5)

첫째, 세로 라인 1, 2 / 4, 5 퐁당 패턴의 번호로 구성되는 조합수는 로또 전체 814만 조합에서 230,230조합이다. 동행복권 100회 동안 세로 라인 1, 2 / 4, 5 라인의 퐁당 패턴에서만 1등이 나온 것은 2회뿐이다.

로또 구매 용지 패턴						
1	2	3	4	5	6	7
8	9	10	11	12	13	14
15	16	17	18	19	20	21
22	23	24	25	26	27	28
29	30	31	32	33	34	35
36	37	38	39	40	41	42
43	44	45				

814만 조합에서 퐁당퐁당 패턴 (1,2 / 4,5)은 230,230 조합

결론적으로 로또 1등 번호 6개는 약 98프로 확률로 퐁당 패턴의 번호에서만 나오지 않는다. 퐁당 패턴을 이해하면 1등의 확률도 높아지면서 상위 당첨(2등, 3등)의 확률 또한 같이 높여주는 효과가 있다.

퐁당퐁당 패턴(세로 라인 1, 2 / 4, 5) 적용 예시

제 932 회차

①	2	3	4	5	⑥	7
8	9	10	11	12	13	14
⑮	16	17	18	19	20	21
22	23	24	25	26	27	28
29	30	31	32	33	34	35
㊱	㊲	㊳	39	40	41	42
43	44	45				

제 931 회차

1	2	3	4	5	6	7
8	9	10	11	12	13	⑭
⑮	16	17	18	19	20	21
22	㉓	24	㉕	26	27	28
29	30	31	32	33	34	㉟
36	37	38	39	40	41	42
㊸	44	45				

제 930 회차

1	2	3	4	5	6	7
⑧	9	10	11	12	13	14
15	16	17	18	19	20	㉑
22	23	24	㉕	26	27	28
29	30	31	32	33	34	35
36	37	㊳	㊴	40	41	42
43	㊹	45				

제 929 회차

1	2	3	4	5	6	⑦
8	⑨	10	11	⑫	13	14
⑮	16	17	18	⑲	20	21
22	㉓	24	25	26	27	28
29	30	31	32	33	34	35
36	37	38	39	40	41	42
43	44	45				

932회는 세로 1, 2 / 4, 5 라인에서 총 4개가 나왔다.
931회는 세로 1, 2 / 4, 5 라인에서 총 4개가 나왔다.
930회는 세로 1, 2 / 4, 5 라인에서 총 4개가 나왔다.
929회는 세로 1, 2 / 4, 5 라인에서 총 5개가 나왔다.

퐁당퐁당 패턴(세로 라인 3, 4 / 6, 7)

둘째, 세로 라인 3, 4 / 6, 7 퐁당 패턴의 번호로 구성되는 조합수는 로또 전체 814만 조합에서 177,100조합이다. 동행복권 100회 동안 세로 라인 3, 4 / 6, 7 라인의 퐁당 패턴에서만 1등이 나온 것은 1회 뿐이다. 확률은 99%가 된다.

로또 구매 용지 패턴						
1	2	3	4	5	6	7
8	9	10	11	12	13	14
15	16	17	18	19	20	21
22	23	24	25	26	27	28
29	30	31	32	33	34	35
36	37	38	39	40	41	42
43	44	45				

814만 조합에서 퐁당퐁당 패턴 (3,4 / 6,7)은 177,100 조합

결론적으로 로또 1등 번호 6개는 세로 3, 4 / 6, 7라인의 퐁당 패턴에서만 1등 번호가 나오지 않는다. 확률은 99%이다. 퐁당 패턴을 이해하면 1등의 확률을 높이면서 행운을 더 빨리 만나게 될 것이다.

퐁당퐁당 패턴(세로 라인 3, 4 / 6, 7) 적용 예시

제 932 회차

1	2	3	4	5	**6**	7
8	9	10	11	12	13	14
15	16	17	18	19	20	21
22	23	24	25	26	27	28
29	30	31	32	33	34	35
36	**37**	**38**	39	40	41	42
43	44	45				

제 931 회차

1	2	3	4	5	6	7
8	9	10	11	12	13	**14**
15	16	17	18	19	20	21
22	**23**	24	**25**	26	27	28
29	30	31	32	33	34	**35**
36	37	38	39	40	41	42
43	44	45				

제 930 회차

1	2	3	4	5	6	7
8	9	10	11	12	13	14
15	16	17	18	19	20	**21**
22	23	24	**25**	26	27	28
29	30	31	32	33	34	35
36	37	**38**	**39**	40	41	42
43	**44**	45				

제 929 회차

1	2	3	4	5	6	**7**
8	**9**	10	11	**12**	13	14
15	16	17	18	**19**	20	21
22	**23**	24	25	26	27	28
29	30	31	32	33	34	35
36	37	38	39	40	41	42
43	44	45				

932회는 세로 3, 4 / 6, 7 라인에서 총 2개가 나왔다.

931회는 세로 3, 4 / 6, 7 라인에서 총 3개가 나왔다.

930회는 세로 3, 4 / 6, 7 라인에서 총 4개가 나왔다.

929회는 세로 3, 4 / 6, 7 라인에서 총 1개가 나왔다.

30만 조합 좌우 2줄 패턴
(확률 98%)

    로또9단의 패턴 기법 중 '좌우 2줄 패턴'에 대해 알아보자. 좌우 2줄 패턴은 구매 용지 세로 1, 2라인과 세로 6, 7라인이다. 번호 6개를 모두 좌우 2줄 패턴에서만 선택하면 안 된다.

    확률을 보면 동행복권 100회(837~936회) 동안 903회, 913회 두 번을 제외하고 98% 확률로 좌우 2줄 패턴으로만 1등 번호는 나오지 않았다.

로또 구매 용지 패턴						
1	2	3	4	5	6	7
8	9	10	11	12	13	14
15	16	17	18	19	20	21
22	23	24	25	26	27	28
29	30	31	32	33	34	35
36	37	38	39	40	41	42
43	44	45				

814만 조합에서
좌우 2줄 패턴은
296,010 조합

98% 확률

30만 조합 좌우 2줄 패턴 적용 예시

제 932 회차

1	2	3	4	5	6	7
8	9	10	11	12	13	14
15	16	17	18	19	20	21
22	23	24	25	26	27	28
29	30	31	32	33	34	35
36	37	38	39	40	41	42
43	44	45				

(○표시: 1, 6, 15, 36, 37, 38)

제 931 회차

1	2	3	4	5	6	7
8	9	10	11	12	13	14
15	16	17	18	19	20	21
22	23	24	25	26	27	28
29	30	31	32	33	34	35
36	37	38	39	40	41	42
43	44	45				

(○표시: 14, 15, 23, 25, 35, 43)

제 930 회차

1	2	3	4	5	6	7
8	9	10	11	12	13	14
15	16	17	18	19	20	21
22	23	24	25	26	27	28
29	30	31	32	33	34	35
36	37	38	39	40	41	42
43	44	45				

(○표시: 8, 21, 25, 38, 39, 44)

제 929 회차

1	2	3	4	5	6	7
8	9	10	11	12	13	14
15	16	17	18	19	20	21
22	23	24	25	26	27	28
29	30	31	32	33	34	35
36	37	38	39	40	41	42
43	44	45				

(○표시: 7, 9, 12, 15, 19, 23)

932회는 세로 1, 2 / 6, 7 라인에서 총 5개가 나왔다.
931회는 세로 1, 2 / 6, 7 라인에서 총 5개가 나왔다.
930회는 세로 1, 2 / 6, 7 라인에서 총 3개가 나왔다.
929회는 세로 1, 2 / 6, 7 라인에서 총 4개가 나왔다.

가로, 세로 연속 3줄 패턴
(확률 96%)

로또9단의 패턴 기법 중 '연속 3줄 패턴'에 대해 알아보자. 3줄 연속 패턴은 '가로 3줄 연속 패턴'과 '세로 3줄 연속 패턴'으로 구분이 된다.

가로 3줄 연속 패턴은 총 5개의 유형으로 나뉜다. 다음 페이지를 보면 1~21번의 연속 3줄부터 29~45번까지의 연속 3줄 패턴까지, 총 5개로 되어 있다.

가로 연속 3줄 패턴 유형 5개

로또 구매 용지 패턴

1	2	3	4	5	6	7
8	9	10	11	12	13	14
15	16	17	18	19	20	21
22	23	24	25	26	27	28
29	30	31	32	33	34	35
36	37	38	39	40	41	42
43	44	45				

로또 구매 용지 패턴

1	2	3	4	5	6	7
8	9	10	11	12	13	14
15	16	17	18	19	20	21
22	23	24	25	26	27	28
29	30	31	32	33	34	35
36	37	38	39	40	41	42
43	44	45				

로또 구매 용지 패턴

1	2	3	4	5	6	7
8	9	10	11	12	13	14
15	16	17	18	19	20	21
22	23	24	25	26	27	28
29	30	31	32	33	34	35
36	37	38	39	40	41	42
43	44	45				

로또 구매 용지 패턴

1	2	3	4	5	6	7
8	9	10	11	12	13	14
15	16	17	18	19	20	21
22	23	24	25	26	27	28
29	30	31	32	33	34	35
36	37	38	39	40	41	42
43	44	45				

로또 구매 용지 패턴

1	2	3	4	5	6	7
8	9	10	11	12	13	14
15	16	17	18	19	20	21
22	23	24	25	26	27	28
29	30	31	32	33	34	35
36	37	38	39	40	41	42
43	44	45				

가로 연속 3줄 패턴

5개 유형의 '가로 연속 3줄 패턴'이 로또 전체 조합에서 차지하는 비율을 확인해 보면 아래와 같다.

가로 연속 3줄 패턴	조합수
가로 1, 2, 3라인	54,264
가로 2, 3, 4라인	54,264
가로 3, 4, 5라인	54,264
가로 4, 5, 6라인	54,264
가로 5, 6, 7라인	12,376
합계	229,432

세로 3줄 연속 패턴

'세로 3줄 연속 패턴'도 총 5개의 유형으로 나뉜다.

다음 그림을 보면 세로 1, 2, 3라인의 연속 3줄부터 세로 5, 6, 7라인의 연속 3줄 패턴까지 총 5개로 되어 있다.

5개 유형의 세로 연속 3줄 패턴이 로또 전체 조합에서 차지하는 비율을 확인해 보면 다음과 같다.

세로 연속 3줄 패턴 유형 5개

로또 구매 용지 패턴						
1	2	3	4	5	6	7
8	9	10	11	12	13	14
15	16	17	18	19	20	21
22	23	24	25	26	27	28
29	30	31	32	33	34	35
36	37	38	39	40	41	42
43	44	45				

로또 구매 용지 패턴						
1	2	3	4	5	6	7
8	9	10	11	12	13	14
15	16	17	18	19	20	21
22	23	24	25	26	27	28
29	30	31	32	33	34	35
36	37	38	39	40	41	42
43	44	45				

로또 구매 용지 패턴						
1	2	3	4	5	6	7
8	9	10	11	12	13	14
15	16	17	18	19	20	21
22	23	24	25	26	27	28
29	30	31	32	33	34	35
36	37	38	39	40	41	42
43	44	45				

로또 구매 용지 패턴						
1	2	3	4	5	6	7
8	9	10	11	12	13	14
15	16	17	18	19	20	21
22	23	24	25	26	27	28
29	30	31	32	33	34	35
36	37	38	39	40	41	42
43	44	45				

로또 구매 용지 패턴						
1	2	3	4	5	6	7
8	9	10	11	12	13	14
15	16	17	18	19	20	21
22	23	24	25	26	27	28
29	30	31	32	33	34	35
36	37	38	39	40	41	42
43	44	45				

세로 연속 3줄 패턴	조합수
세로 1, 2, 3라인	54,264
세로 2, 3, 4라인	38,760
세로 3, 4, 5라인	27,132
세로 4, 5, 6라인	18,564
세로 5, 6, 7라인	18,564
합계	157,284

총 10개의 연속 3줄 패턴의 확률은 동행복권 100회(837~936회) 동안 96%의 확률을 보여준다. 연속 3줄 패턴으로 로또 전체 조합에서 386,716 조합을 줄이면서 로또 1등의 확률은 자연스럽게 높아진다.

가로 연속 3줄 패턴

로또 구매 용지에서 번호 선택 시 연속되는 가로 라인 3줄 이내에만 번호 6개를 선택하면 안 된다. 이것이 가로 연속 3줄 패턴이고 5개 유형의 전체 확률을 보면 동행복권 100회(837~936회) 동안 98%의 확률을 보여준다.

첫째, '가로 1, 2, 3라인 연속 3줄 패턴'은 번호 1번~21번에 해당하는 가로 3라인 이내에서만 번호 6개를 모두 선택하면 안 된다. 확률을 보면 동행복권 100회(837~936회) 동안 839회 한 번을 제외한 99%의 확률을 보여준다.

제 932 회차

(1)	2	3	4	5	(6)	7
8	9	10	11	12	13	14
(15)	16	17	18	19	20	21
22	23	24	25	26	27	28
29	30	31	32	33	34	35
(36)	(37)	(38)	39	40	41	42
43	44	45				

제 931 회차

1	2	3	4	5	6	7
8	9	10	11	12	13	(14)
(15)	16	17	18	19	20	21
22	(23)	24	(25)	26	27	28
29	30	31	32	33	34	(35)
36	37	38	39	40	41	42
(43)	44	45				

제 930 회차

1	2	3	4	5	6	7
(8)	9	10	11	12	13	14
15	16	17	18	19	20	(21)
22	23	24	(25)	26	27	28
29	30	31	32	33	34	35
36	37	(38)	(39)	40	41	42
43	(44)	45				

제 929 회차

1	2	3	4	5	6	(7)
8	(9)	10	11	(12)	13	14
(15)	16	17	18	(19)	20	21
22	(23)	24	25	26	27	28
29	30	31	32	33	34	35
36	37	38	39	40	41	42
43	44	45				

※ 로또 814만 조합에서 54,264조합을 차지하며 확률은 99%이다.

둘째, '가로 2, 3, 4라인 연속 3줄 패턴'은 번호 8번~28번에 해당하는 가로 3라인 이내에서만 번호 6개를 모두 선택하면 안 된다. 확률을 보면 동행복권 100회(837~936회) 동안 861회 한 번을 제외한 99%의 확률을 보여준다.

제 932 회차

1	2	3	4	5	6	7
8	9	10	11	12	13	14
15	16	17	18	19	20	21
22	23	24	25	26	27	28
29	30	31	32	33	34	35
36	37	38	39	40	41	42
43	44	45				

제 931 회차

1	2	3	4	5	6	7
8	9	10	11	12	13	14
15	16	17	18	19	20	21
22	23	24	25	26	27	28
29	30	31	32	33	34	35
36	37	38	39	40	41	42
43	44	45				

제 930 회차

1	2	3	4	5	6	7
8	9	10	11	12	13	14
15	16	17	18	19	20	21
22	23	24	25	26	27	28
29	30	31	32	33	34	35
36	37	38	39	40	41	42
43	44	45				

제 929 회차

1	2	3	4	5	6	7
8	9	10	11	12	13	14
15	16	17	18	19	20	21
22	23	24	25	26	27	28
29	30	31	32	33	34	35
36	37	38	39	40	41	42
43	44	45				

※ 로또 814만 조합에서 54,264조합을 차지하며 확률은 99%이다.

셋째, '가로 3, 4, 5라인 연속 3줄 패턴'은 번호 15번~35번에 해당하는 가로 3라인 이내에서만 번호 6개를 모두 선택하면 안 된다. 확률을 보면 동행복권 100회(837~936회) 동안 한 번도 안 나왔다. 100%의 확률을 보여준다.

제 932 회차						
①	2	3	4	5	⑥	7
8	9	10	11	12	13	14
⑮	16	17	18	19	20	21
22	23	24	25	26	27	28
29	30	31	32	33	34	35
㊱	㊲	㊳	39	40	41	42
43	44	45				

제 931 회차						
1	2	3	4	5	6	7
8	9	10	11	12	13	⑭
⑮	16	17	18	19	20	21
22	㉓	24	㉕	26	27	28
29	30	31	32	33	34	㉟
36	37	38	39	40	41	42
㊸	44	45				

제 930 회차						
1	2	3	4	5	6	7
⑧	9	10	11	12	13	14
15	16	17	18	19	20	㉑
22	23	24	㉕	26	27	28
29	30	31	32	33	34	35
36	37	㊳	㊴	40	41	42
43	㊸	45				

제 929 회차						
1	2	3	4	5	6	⑦
8	⑨	10	11	⑫	13	14
⑮	16	17	18	⑲	20	21
22	㉓	24	25	26	27	28
29	30	31	32	33	34	35
36	37	38	39	40	41	42
43	44	45				

※ 로또 814만 조합에서 54,264조합을 차지하며 확률은 100%이다.

넷째, '가로 4, 5, 6라인 연속 3줄 패턴'은 번호 22번~42번에 해당하는 가로 3라인 이내에서만 번호 6개를 모두 선택하면 안 된다. 확률을 보면 동행복권 100회(837~936회) 동안 한 번도 안 나왔다. 100%의 확률을 보여준다.

제 932 회차						
①	2	3	4	5	⑥	7
8	9	10	11	12	13	14
⑮	16	17	18	19	20	21
22	23	24	25	26	27	28
29	30	31	32	33	34	35
㊱	㊲	㊳	39	40	41	42
43	44	45				

제 931 회차						
1	2	3	4	5	6	7
8	9	10	11	12	13	⑭
⑮	16	17	18	19	20	21
22	㉓	24	㉕	26	27	28
29	30	31	32	33	34	㉟
36	37	38	39	40	41	42
㊸	44	45				

제 930 회차						
1	2	3	4	5	6	7
⑧	9	10	11	12	13	14
15	16	17	18	19	20	㉑
22	23	24	㉕	26	27	28
29	30	31	32	33	34	35
36	37	㊳	㊴	40	41	42
43	㊹	45				

제 929 회차						
1	2	3	4	5	6	⑦
8	⑨	10	11	⑫	13	14
⑮	16	17	18	⑲	20	21
22	㉓	24	25	26	27	28
29	30	31	32	33	34	35
36	37	38	39	40	41	42
43	44	45				

※ 로또 814만 조합에서 54,264조합을 차지하며 확률은 100%이다.

다섯째, '가로 5, 6, 7라인 연속 3줄 패턴'은 번호 29번~45번에 해당하는 가로 3라인 이내에서만 번호 6개를 모두 선택하면 안 된다. 확률을 보면 동행복권 100회(837~936회) 동안 한 번도 안 나왔다. 100%의 확률을 보여준다.

제 932 회차						
①	2	3	4	5	⑥	7
8	9	10	11	12	13	14
⑮	16	17	18	19	20	21
22	23	24	25	26	27	28
29	30	31	32	33	34	35
㊱	㊲	㊳	39	40	41	42
43	44	45				

제 931 회차						
1	2	3	4	5	6	7
8	9	10	11	12	13	⑭
⑮	16	17	18	19	20	21
22	㉓	24	㉕	26	27	28
29	30	31	32	33	34	㉟
36	37	38	39	40	41	42
㊸	44	45				

제 930 회차						
1	2	3	4	5	6	7
⑧	9	10	11	12	13	14
15	16	17	18	19	20	㉑
22	23	24	㉕	26	27	28
29	30	31	32	33	34	35
36	37	㊳	㊴	40	41	42
43	㊹	45				

제 929 회차						
1	2	3	4	5	6	⑦
8	⑨	10	11	⑫	13	14
⑮	16	17	18	⑲	20	21
22	㉓	24	25	26	27	28
29	30	31	32	33	34	35
36	37	38	39	40	41	42
43	44	45				

※ 로또 814만 조합에서 12,376조합을 차지하며 확률은 100%이다.

세로 연속 3줄 패턴

로또 구매 용지에서 번호 선택 시 연속되는 세로 라인 3줄 이내에만 번호 6개를 선택하면 안 된다. 이것이 세로 연속 3줄 패턴이고 5개 유형의 전체 확률을 보면 동행복권 100회(837~936회) 동안 98%의 확률을 보여준다.

첫째, '세로 1, 2, 3라인 3줄 패턴'은 세로 1, 2, 3라인 이내에서만 번호 6개를 모두 선택하면 안 된다. 확률을 보면 동행복권 100회 (837~936회) 동안 한 번도 안 나왔다. 100%의 확률을 보여준다.

제 932 회차						
①	2	3	4	5	⑥	7
8	9	10	11	12	13	14
⑮	16	17	18	19	20	21
22	23	24	25	26	27	28
29	30	31	32	33	34	35
㊱	㊲	㊳	39	40	41	42
43	44	45				

제 931 회차						
1	2	3	4	5	6	7
8	9	10	11	12	13	⑭
⑮	16	17	18	19	20	21
22	㉓	24	㉕	26	27	28
29	30	31	32	33	34	㉟
36	37	38	39	40	41	42
㊸	44	45				

제 930 회차						
1	2	3	4	5	6	7
⑧	9	10	11	12	13	14
15	16	17	18	19	20	㉑
22	23	24	㉕	26	27	28
29	30	31	32	33	34	35
36	37	㊳	㊴	40	41	42
43	㊹	45				

제 929 회차						
1	2	3	4	5	6	⑦
8	⑨	10	11	⑫	13	14
⑮	16	17	18	⑲	20	21
22	㉓	24	25	26	27	28
29	30	31	32	33	34	35
36	37	38	39	40	41	42
43	44	45				

※ 로또 814만 조합에서 54,264조합을 차지하며 확률은 100%이다.

둘째, '세로 2, 3, 4라인 3줄 패턴'은 세로 2, 3, 4라인 이내에서만 번호 6개를 모두 선택하면 안 된다. 확률을 보면 동행복권 100회 (837~936회) 동안 한 번도 안 나왔다. 100%의 확률을 보여준다.

제 932 회차

①	2	3	4	5	⑥	7
8	9	10	11	12	13	14
⑮	16	17	18	19	20	21
22	23	24	25	26	27	28
29	30	31	32	33	34	35
㊱	㊲	㊳	39	40	41	42
43	44	45				

제 931 회차

1	2	3	4	5	6	7
8	9	10	11	12	13	⑭
⑮	16	17	18	19	20	21
22	㉓	24	㉕	26	27	28
29	30	31	32	33	34	㉟
36	37	38	39	40	41	42
㊸	44	45				

제 930 회차

1	2	3	4	5	6	7
⑧	9	10	11	12	13	14
15	16	17	18	19	20	㉑
22	23	24	㉕	26	27	28
29	30	31	32	33	34	35
36	37	㊳	㊴	40	41	42
43	㊹	45				

제 929 회차

1	2	3	4	5	6	⑦
8	⑨	10	11	⑫	13	14
⑮	16	17	18	⑲	20	21
22	㉓	24	25	26	27	28
29	30	31	32	33	34	35
36	37	38	39	40	41	42
43	44	45				

※ 로또 814만 조합에서 38,760조합을 차지하며 확률은 100%이다.

셋째, '세로 3, 4, 5라인 3줄 패턴'은 세로 3, 4, 5라인 이내에서만 번호 6개를 모두 선택하면 안 된다. 확률을 보면 동행복권 100회 (837~936회) 동안 896회 한 번을 제외한 99%의 확률을 보여준다.

제 932 회차						
①	2	3	4	5	⑥	7
8	9	10	11	12	13	14
⑮	16	17	18	19	20	21
22	23	24	25	26	27	28
29	30	31	32	33	34	35
㊱	㊲	㊳	39	40	41	42
43	44	45				

제 931 회차						
1	2	3	4	5	6	7
8	9	10	11	12	13	⑭
⑮	16	17	18	19	20	21
22	㉓	24	㉕	26	27	28
29	30	31	32	33	34	㉟
36	37	38	39	40	41	42
㊸	44	45				

제 930 회차						
1	2	3	4	5	6	7
⑧	9	10	11	12	13	14
15	16	17	18	19	20	㉑
22	23	24	㉕	26	27	28
29	30	31	32	33	34	35
36	37	㊳	㊴	40	41	42
43	㊹	45				

제 929 회차						
1	2	3	4	5	6	⑦
8	⑨	10	11	⑫	13	14
⑮	16	17	18	⑲	20	21
22	㉓	24	25	26	27	28
29	30	31	32	33	34	35
36	37	38	39	40	41	42
43	44	45				

※ 로또 814만 조합에서 27,132조합을 차지하며 확률은 99%이다.

넷째, '세로 4, 5, 6라인 3줄 패턴'은 세로 4, 5, 6라인 이내에서만 번호 6개를 모두 선택하면 안 된다. 확률을 보면 동행복권 100회 (837~936회) 동안 881회 한 번을 제외한 99%의 확률을 보여준다.

제 932 회차						
①	2	3	4	5	⑥	7
8	9	10	11	12	13	14
⑮	16	17	18	19	20	21
22	23	24	25	26	27	28
29	30	31	32	33	34	35
㊱	㊲	㊳	39	40	41	42
43	44	45				

제 931 회차						
1	2	3	4	5	6	7
8	9	10	11	12	13	⑭
⑮	16	17	18	19	20	21
22	㉓	24	㉕	26	27	28
29	30	31	32	33	34	㉟
36	37	38	39	40	41	42
㊸	44	45				

제 930 회차						
1	2	3	4	5	6	7
⑧	9	10	11	12	13	14
15	16	17	18	19	20	㉑
22	23	24	㉕	26	27	28
29	30	31	32	33	34	35
36	37	㊳	㊴	40	41	42
43	㊹	45				

제 929 회차						
1	2	3	4	5	6	⑦
8	⑨	10	11	⑫	13	14
⑮	16	17	18	⑲	20	21
22	㉓	24	25	26	27	28
29	30	31	32	33	34	35
36	37	38	39	40	41	42
43	44	45				

※ 로또 814만 조합에서 18,564조합을 차지하며 확률은 99%이다.

다섯째, '세로 5, 6, 7라인 3줄 패턴'은 세로 5, 6, 7라인 이내에서만 번호 6개를 모두 선택하면 안 된다. 확률을 보면 동행복권 100회 (837~936회) 동안 한 번도 안 나왔다. 100%의 확률을 보여준다.

제 932 회차

(1)	2	3	4	5	(6)	7
8	9	10	11	12	13	14
(15)	16	17	18	19	20	21
22	23	24	25	26	27	28
29	30	31	32	33	34	35
(36)	(37)	(38)	39	40	41	42
43	44	45				

제 931 회차

1	2	3	4	5	6	7
8	9	10	11	12	13	(14)
(15)	16	17	18	19	20	21
22	(23)	24	(25)	26	27	28
29	30	31	32	33	34	(35)
36	37	38	39	40	41	42
(43)	44	45				

제 930 회차

1	2	3	4	5	6	7
(8)	9	10	11	12	13	14
15	16	17	18	19	20	(21)
22	23	24	(25)	26	27	28
29	30	31	32	33	34	35
36	37	(38)	(39)	40	41	42
43	(44)	45				

제 929 회차

1	2	3	4	5	6	(7)
8	(9)	10	11	(12)	13	14
(15)	16	17	18	(19)	20	21
22	(23)	24	25	26	27	28
29	30	31	32	33	34	35
36	37	38	39	40	41	42
43	44	45				

※ 로또 814만 조합에서 18,564조합을 차지하며 확률은 100%이다.

모서리 패턴
(필수 패턴)

로또9단의 패턴 기법 중 '모서리 패턴'에 대해 알아보자. 모서리 패턴은 다음 페이지의 그림처럼 기본형과 확장형으로 구분된다. 모서리 패턴에서는 1~4개의 선택을 해야 하며, 적정 수준으로는 1~3개 선택이 좋다. 모서리 패턴의 확장형 기준으로 동행복권 100회(837~936회) 동안 모서리 패턴에 번호가 없이 1등 번호가 나온 것은 총 4회뿐이고 모서리 패턴의 번호에서만 6개 모두 출현한 적은 한번도 없다.

6개 번호 모두 모서리 패턴에서만 선택해서 1등이 된 적은 동행복권 100회(837~936회) 동안 한 번도 없다. 또한 5개 이상의 번호를 모서리 패턴에서만 선택해서 1등은 된 적도 동행복권 100회 동안 904회, 932회 두 번 밖에 없다.

모서리 패턴 기본형

로또 구매 용지 패턴						
1	2	3	4	5	6	7
8	9	10	11	12	13	14
15	16	17	18	19	20	21
22	23	24	25	26	27	28
29	30	31	32	33	34	35
36	37	38	39	40	41	42
43	44	45				

모서리 패턴 확장형

로또 구매 용지 패턴						
1	2	3	4	5	6	7
8	9	10	11	12	13	14
15	16	17	18	19	20	21
22	23	24	25	26	27	28
29	30	31	32	33	34	35
36	37	38	39	40	41	42
43	44	45				

모서리 패턴 확장형 기준으로 선택 기준은 1~4개이며 범위를 좁히면 평균적으로 1~3개가 주로 나온다.

다음 페이지의 그림을 보면 1등 번호는 모서리 패턴의 번호가 주로 1~3개가 들어가는 것을 알 수 있다. 앞으로 번호 조합을 선택할 때 모서리 패턴의 번호를 1~3개 사이로 선택하면 1등의 확률은 높아질 것이다.

모서리 패턴 적용 예시 1

제 903 회차

1	②	3	4	5	6	7
8	9	10	11	12	13	14
⑮	⑯	17	18	19	20	㉑
㉒	23	24	25	26	27	㉘
29	30	31	32	33	34	35
36	37	38	39	40	41	42
43	44	45				

제 902 회차

1	2	3	4	5	6	⑦
8	9	10	11	12	13	14
15	16	17	18	⑲	20	21
22	㉓	㉔	25	26	27	28
29	30	31	32	33	34	35
㊱	37	38	㊴	40	41	42
43	44	45				

제 901 회차

1	2	3	4	⑤	6	7
8	9	10	11	12	13	14
15	16	17	⑱	19	⑳	21
22	㉓	24	25	26	27	28
29	㉚	31	32	33	㉞	35
36	37	38	39	40	41	42
43	44	45				

제 900 회차

1	2	3	4	5	6	⑦
8	9	10	11	12	⑬	14
15	⑯	17	⑱	19	20	21
22	23	24	25	26	27	28
29	30	31	32	33	34	㉟
36	37	㊳	39	40	41	42
43	44	45				

903회 1등 번호에서 모서리 패턴 번호는 총 1개이다.
902회 1등 번호에서 모서리 패턴 번호는 총 2개이다.
901회 1등 번호에서 모서리 패턴 번호는 총 2개이다.
900회 1등 번호에서 모서리 패턴 번호는 총 3개이다.

모서리 패턴 적용 예시 2

제 898 회차

1	2	3	4	5	6	7
8	9	10	11	12	13	14
15	16	17	(18)	19	20	(21)
22	23	24	25	26	27	(28)
29	30	31	32	33	34	(35)
36	(37)	38	39	40	41	(42)
43	44	45				

제 897 회차

1	2	3	4	5	(6)	(7)
8	9	10	11	(12)	13	14
15	16	17	18	19	20	21
(22)	23	24	25	(26)	27	28
29	30	31	32	33	34	35
(36)	37	38	39	40	41	42
43	44	45				

제 896 회차

1	2	3	4	(5)	6	7
8	9	10	11	(12)	13	14
15	16	17	18	19	20	21
22	23	24	(25)	(26)	27	28
29	30	31	32	33	34	35
36	37	(38)	39	40	41	42
43	44	(45)				

제 895 회차

1	2	3	4	5	6	7
8	9	10	11	12	13	14
15	(16)	17	18	19	20	21
22	23	24	25	(26)	27	28
29	30	(31)	32	33	34	35
36	37	(38)	(39)	40	(41)	42
43	44	45				

898회 1등 번호에서 모서리 패턴 번호는 총 3개이다.
897회 1등 번호에서 모서리 패턴 번호는 총 3개이다.
896회 1등 번호에서 모서리 패턴 번호는 총 1개이다.
895회 1등 번호에서 모서리 패턴 번호는 총 1개이다.

가로 연속 6줄 패턴
(필수 패턴)

로또9단의 패턴 기법 중 '가로 연속 6줄 패턴'에 대해 알아보자. 가로 라인은 아주 높은 확률로 멸구간이 존재한다. 멸구간은 특정한 가로 라인에 번호가 찍히지 않는 것을 의미한다. 가로 연속 6줄 패턴은 옆의 그림처럼 번호를 선택할 때 연속되는 가로 라인에만 6개 모두를 표기하면 안 된다.

가로 1라인부터 연속되는 6줄의 1등 번호 확률은 동행복권 100회(837~936회) 동안 857회, 910회 두 번뿐이다. 98%의 확률로는 1등 당첨번호는 연속 6줄로 출현하지 않는다. 또한 가로 2라인부터 연속 6줄의 1등 번호 출현은 0회로 100% 확률이다.

옆의 패턴처럼 당첨번호 6개를 연속되는 가로 라인에서

가로 1라인부터 연속 6줄

로또 구매 용지 패턴						
1	②2	3	4	5	6	7
8	9	10	⑪	12	13	14
15	16	17	18	19	20	㉑
22	㉓	24	25	26	27	28
29	30	㉛	32	33	34	35
36	37	38	39	40	㊶	42
43	44	45				

가로 2라인부터 연속 6줄

로또 구매 용지 패턴						
1	2	3	4	5	6	7
8	⑨	10	11	12	13	14
15	16	17	⑱	19	20	21
22	23	24	25	26	27	㉘
29	㉚	31	32	33	34	35
36	37	㊳	39	40	41	42
43	㊹	45				

선택하면 1등이 되는 것을 포기하는 것과 같다. 앞으로 내가 선택한 번호를 구매 용지에 표기했을 때 위와 같이 연속되는 가로 6줄로 패턴이 나온다면 반드시 연속 6줄이 안되도록 패턴을 변경해야 한다.

　가로 연속 6줄 패턴으로는 1등이 되기 어렵다는 것을 다음 페이지의 그림을 보면서 설명하겠다. 연속 6줄로 1등 당첨이 어려우니 꼭 지켜야할 필수 규칙이다.

932회의 경우 가로 1라인에서 시작했지만 가로 2, 4, 5라인에는 번호가 없고 가로 1, 3, 6라인에만 6개 번호가 선택되었다.

➔ **6개 번호가 연속되는 가로 6줄에 표기되지 않았다.**

931회의 경우 가로 2라인에서 시작했지만 가로 6라인에는 번호가 없고 가로 2, 3, 4, 5, 7라인에 6개 번호가 선택되었다.

➔ **6개 번호가 연속되는 가로 6줄에 표기되지 않았다.**

제 932 회차						
(1)	2	3	4	5	(6)	7
8	9	10	11	12	13	14
(15)	16	17	18	19	20	21
22	23	24	25	26	27	28
29	30	31	32	33	34	35
(36)	(37)	(38)	39	40	41	42
43	44	45				

제 931 회차						
1	2	3	4	5	6	7
8	9	10	11	12	13	(14)
(15)	16	17	18	19	20	21
22	(23)	24	(25)	26	27	28
29	30	31	32	33	34	(35)
36	37	38	39	40	41	42
(43)	44	45				

가로 연속 5줄 패턴

가로 연속 6줄 패턴을 응용하여, 가로 연속 5줄에만 6개 번호를 모두 표기해도 1등이 되기 어렵다.

가로 1라인부터 연속 5줄

로또 구매 용지 패턴						
1	2	3	4	5	6	7
8	9	10	11	12	13	14
15	16	17	18	19	20	21
22	23	24	25	26	27	28
29	30	31	32	33	34	35
36	37	38	39	40	41	42
43	44	45				

가로 2라인부터 연속 5줄

로또 구매 용지 패턴						
1	2	3	4	5	6	7
8	9	10	11	12	13	14
15	16	17	18	19	20	21
22	23	24	25	26	27	28
29	30	31	32	33	34	35
36	37	38	39	40	41	42
43	44	45				

가로 3라인부터 연속 5줄

로또 구매 용지 패턴						
1	2	3	4	5	6	7
8	9	10	11	12	13	14
15	16	17	18	19	20	㉑
22	㉓	24	25	26	27	28
29	30	㉛	32	33	34	35
36	37	㊳	39	40	㊶	42
43	㊹	45				

가로 1라인부터 연속되는 5줄의 1등 번호 확률은 동행복권 100회(837~936회) 동안 878회, 860회 두 번뿐이다. 가로 2라인부터 연속되는 5줄에 출현은 847회 한 번이고, 가로 3라인부터 연속되는 5줄에 출현은 854회, 863회, 907회, 914회 4번으로 평균 95% 이상의 확률로는 1등 당첨번호는 연속 5줄로 출현하지 않는다.

가로 연속 6줄 패턴의 응용 기법으로 가로 연속 5줄 패턴 또한 당첨번호의 출현 패턴을 확인한 결과, 100회 중 5회 미만으로 확인됐다.

구매 용지에 번호를 선택할 때 앞으로는 가로 라인에 5~6줄 연속으로 표기하지 않으면 1등 당첨 확률은 그만큼 올라간다. 가로 연속 5줄 패턴으로는 1등이 되기 어렵다는 것을 옆 페이지의 그림을 보면서 설명하겠다.

928회의 경우 가로 1라인에서 시작했지만 가로 5라인에는 번호가 없고 가로 1, 2, 3, 4, 7라인에만 6개 번호가 선택되었다. 연속되는 가로 5라인에 번호가 찍히지 않고 가로 5, 6라인은 멸구간이 되었다.

➜ **6개 번호가 연속되는 가로 5줄에 표기되지 않았다.**

926회의 경우 가로 2라인에서 시작했지만 가로 6라인에는 번호가 없고 가로 2, 3, 4, 5라인에만 6개 번호가 선택되었다. 연속되는 가로 5라인에 번호가 찍히지 않고 연속 4줄에만 번호가 선택되었다.

➜ **6개 번호가 연속되는 가로 5줄에 표기되지 않았다.**

제 928 회차						
1	2	③	④	5	6	7
8	9	⑩	11	12	13	14
15	16	17	18	19	⑳	21
22	23	24	25	26	27	㉘
29	30	31	32	33	34	35
36	37	38	39	40	41	42
43	㊽	45				

제 926 회차						
1	2	3	4	5	6	7
8	9	⑩	11	12	13	14
15	⑯	17	⑱	19	⑳	21
22	23	24	㉕	26	27	28
29	30	㉛	32	33	34	35
36	37	38	39	40	41	42
43	44	45				

✳ 정리

· 번호 6개를 가로 연속 6줄에만 표기하는 것은 피해야 한다.

· 번호 6개를 가로 연속 5줄에만 표기하는 것도 피해야 한다.

· 가로 라인에 멸구간은 항상 존재한다.

세로 연속 6줄 패턴
(필수 패턴)

로또9단의 패턴 기법 중 '세로 연속 6줄 패턴'에 대해 알아보자. 세로 라인도 아주 높은 확률로 멸구간이 존재한다. 멸구간은 특정한 세로 라인에 번호가 찍히지 않는 것을 의미한다. 세로 연속 6패턴은 다음의 그림처럼 번호를 선택할 때 연속되는 가로 라인에만 6개 모두를 표기하면 안 된다.

세로 1라인부터 연속되는 6줄로 1등이 된 것은 동행복권 100회(837~936회) 동안 846, 851, 907회 세 번뿐이다. 97%의 확률로는 1등 당첨번호는 연속 6줄로 출현하지 않는다. 또한 세로 2라인부터 연속 6줄의 1등 번호 출현은 0회로 100% 확률이다.

다음 그림의 패턴처럼 당첨번호 6개를 연속되는 세로 라

세로 1라인부터 연속 6줄

		로또 구매 용지 패턴				
1	②	3	4	5	6	7
8	9	10	⑪	12	13	14
15	16	17	18	19	20	21
㉒	23	24	25	㉖	27	28
29	30	㉛	32	33	34	35
36	37	38	39	40	㊶	42
43	44	45				

세로 2라인부터 연속 6줄

		로또 구매 용지 패턴				
1	2	3	4	5	6	7
8	⑨	10	11	12	13	14
15	16	17	⑱	19	20	21
22	23	24	25	26	27	㉘
29	30	31	32	㉝	34	35
36	37	㊳	39	40	㊶	42
43	44	45				

인에서 선택하면 1등이 되는 것을 포기하는 것과 같다.

앞으로 내가 선택한 번호를 구매 용지에 표기했을 때 위와 같이 연속되는 세로 6줄로 패턴이 나온다면 반드시 연속 6줄이 안되도록 패턴을 변경해야 한다.

세로 연속 6줄 패턴으로는 1등이 되기 어렵다는 것을 옆 페이지의 그림을 보면서 설명하겠다. 연속 6줄로 1등 당첨은 어려우니 꼭 지켜야 할 필수 규칙이다.

932회의 경우 세로 1라인에서 시작했지만 세로 4, 5라인에는 번호가 없고 세로 1, 2, 3, 6라인에만 6개 번호가 선택되었다.

→ 6개 번호가 연속되는 세로 6줄에 표기되지 않았다.

928회의 경우 세로 2라인에서 시작했지만 세로 5라인에는 번호가 없고 세로 2, 3, 4, 6, 7라인에 6개 번호가 선택되었다.

→ 6개 번호가 연속되는 세로 6줄에 표기되지 않았다.

제 932 회차						
(1)	2	3	4	5	(6)	7
8	9	10	11	12	13	14
(15)	16	17	18	19	20	21
22	23	24	25	26	27	28
29	30	31	32	33	34	35
(36)	(37)	(38)	39	40	41	42
43	44	45				

제 928 회차						
1	2	(3)	(4)	5	6	7
8	9	(10)	11	12	13	14
15	16	17	18	19	(20)	21
22	23	24	25	26	27	(28)
29	30	31	32	33	34	35
36	37	38	39	40	41	42
43	(44)	45				

세로 연속 5줄 패턴

세로 연속 6줄 패턴을 응용하여 세로 연속 5줄에만 6개 번호를 모두 표기해도 1등이 되기 어렵다.

세로 1라인 연속 5줄

로또 구매 용지 패턴						
1	②	3	4	5	6	7
8	9	10	⑪	12	13	14
15	⑯	17	18	19	20	21
㉒	23	24	25	26	27	28
29	30	㉛	32	㉝	34	35
36	37	38	39	40	41	42
43	44	45				

세로 2라인 연속 5줄

로또 구매 용지 패턴						
1	2	3	4	5	6	7
8	9	⑩	11	12	13	14
15	16	17	18	⑲	20	21
22	㉓	24	25	26	27	28
29	30	㉛	32	33	34	35
36	37	38	㊳	40	㊶	42
43	44	45				

세로 1라인부터 연속되는 5줄의 1등 번호 확률은 동행복권 100회(837~936회) 동안 877회, 934회 두 번뿐이다. 세로 2라인부터 연속되는 5줄에 출현은 895회, 905회 두 번이고, 세로 3라인부터 연속되는 5줄에 출현은 한 번도 없었다. 평균 98% 이상의 확

세로3라인 연속 5줄

로또 구매 용지 패턴						
1	2	③	4	5	6	7
8	9	10	11	⑫	13	14
15	16	17	18	19	20	㉑
22	23	㉔	25	26	27	28
29	30	31	㉜	33	㉞	35
36	37	38	39	40	41	42
43	44	45				

률로는 1등 당첨번호는 세로 연속 5줄로 출현하지 않는다.

세로 연속 6줄 패턴의 응용 기법으로 세로 연속 5줄 패턴 또한 당첨번호의 출현 패턴을 확인한 결과 100회 중 2회 미만으로 확인됐다.

구매 용지에 번호를 선택할 때 앞으로는 세로 라인에 5~6줄 연속으로 표기하지 않으면 1등 당첨 확률은 그만큼 올라간다. 세로 연속 5줄 패턴으로는 1등이 되기 어렵다는 것을 다음 페이지의 그림을 보면서 설명하겠다.

927회의 경우 세로 1라인에서 시작했지만 세로 2, 5라인에는 번호가 없고 세로 1, 3, 4, 6라인에만 6개 번호가 선택되었다. 연속되는 세로 5라인에 번호가 찍히지 않고 세로 2, 5라인은 멸구간이 되었다.

➜ **6개 번호가 연속되는 세로 5줄에 표기되지 않았다.**

926회의 경우 세로 2라인에서 시작했지만 세로 5라인에는 번호가 없고 세로 2, 3, 4, 6라인에만 6개 번호가 선택되었다. 연속되는 세로 5라인에 번호가 찍히지 않고 세로 2, 3, 4, 6라인에만 번호가 선택되었다.

➜ **6개 번호가 연속되는 세로 5줄에 표기되지 않았다.**

제 927 회차						
1	2	3	④	5	6	7
8	9	10	11	12	13	14
⑮	16	17	18	19	20	21
㉒	23	24	25	26	27	28
29	30	31	32	33	34	35
36	37	㊳	39	40	㊶	42
㊸	44	45				

제 926 회차						
1	2	3	4	5	6	7
8	9	⑩	11	12	13	14
15	⑯	17	⑱	19	⑳	21
22	23	24	㉕	26	27	28
29	30	㉛	32	33	34	35
36	37	38	39	40	41	42
43	44	45				

✻ 정리

- 번호 6개를 세로 연속 6줄에만 표기하는 것은 피해야 한다.

- 번호 6개를 세로 연속 5줄에만 표기하는 것도 피해야 한다.

- 세로 라인에 멸구간은 항상 존재한다.

PART **6**

로또 당첨
번호 분석

미출 기간표

미출 기간은 당첨번호 출현이 안되고 있는 기간을 의미한다. 로또번호 45개를 이번 회차 기준으로 언제 나왔었는지를 보면 된다.

예를 들어 3번이라는 번호가 3주 전에 나왔다면 낙첨 기간이 3주이고, 미출 기간이 3주인 것이다. 로또9단은 낙수, 낙첨의 용어 대신 '미출'이라는 용어를 주로 사용한다. 바로 이렇게 미출 기간별로 로또번호 45개를 정리한 표를 '미출 기간표'라고 한다.

928회						
1	**4**	15	22	38	41	43
2	**10**	16	18	**20**	25	31
3	13	24	32	34	39	42
4	**3**	11	**44**			
5	17	23	36			
6	2	6	27			
7	5	7	12	**28**		
8	26	33				
9	9	14				
10						
11	1					
12	21	35				
13	37					
14	19					
16	8					
19	29	**30**				
21	40					
24	45					

미출 기간표 설명

제일 왼쪽의 번호는 미출 기간이다.

928회 기준으로 1주 차 미출 기간 번호는
4, 15, 22, 38, 41, 43이다. 최장 미출 기간은
24주 차이며 최장 미출수 번호는 45번이
다. 당첨번호 출현 현황을 보면

1주 차에서 4번 출현(이월수)

2주 차에서 10번, 20번 출현

4주 차에서 3번, 44번 출현

7주 차에서 28번 출현

19주 차에서 보너스 30번 출현이다.

928회 미출 기간표 3, 4, 10, 20, 28, 44+30번은 928회 당첨번호다. 이렇게 당첨번호가 출현하면 929회의 미출 기간표에서는 해당 당첨번호들이 옆의 그림처럼 제일 윗줄의 1주 차로 이동하고 해당 번호들은 지워진다(보너스번호는 제외).

예를 들어 928회 28번은 7주 차에 있었다. 28번이 928회 당첨번호로 출현하였으니 929회에는 1주 차로 이동하고 7주 차에서는 28번이 지워진다. 이렇게 매주 45개 번호의 최근 미출(未出) 기간을 관리하는 것이 '미출 기간표'이다.

미출 기간표 주요특징

'미출 기간표'는 로또9단의 로또 분석기법에서 가장 핵심적인 기법 중 하나이다. 매주 당첨번호 출현에 따른 미출 기간표를 관리하면 다양한 통계적 특징을 발견할 수 있고, 분석기법을 발전시킬 수 있다. 우선 가장 중요한 미출 기간표의 특징부터 살펴보도록 하겠다.

우선, 미출 기간표를 총 3개의 구간으로 분류한다.

928, 929회 미출 기간표

	928회					
1	4	15	22	38	41	43
2	10	16	18	20	25	31
3	13	24	32	34	39	42
4	3	11	44			
5	17	23	36			
6	2	6	27			
7	5	7	12	28		
8	26	33				
9	9	14				
10						
11	1					
12	21	35				
13	37					
14	19					
16	8					
19	29	30				
21	40					
24	45					

	929회					
1	3	4	10	20	28	44
2	15	22	38	41	43	
3	16	18	25	31		
4	13	24	32	34	39	42
5	11					
6	17	23	36			
7	2	6	27			
8	5	7	12			
9	26	33				
10	9	14				
12	1					
13	21	35				
14	37					
15	19					
17	8					
20	29	30				
22	40					
25	45					

첫째, 1주 차~5주 차 구간인 5주 이내 구간

둘째, 6주 차~10주 차 구간인 6주~10주 이내 구간

셋째, 11주 차 이상 구간인 미출수 구간

이렇게 3개로 분류하면 5주 이내, 6주~10주, 미출수 구간으로 분류된다. 이렇게 3개의 구간이 갖고 있는 주요 특징을 이해하면 로또를 분석하는데 큰 도움이 된다.

주로 10주 이내 구간에서 매주 당첨번호는 4수 이상 출현하는 것이 중요한 특징이다. 매주 10주 이내 구간의 번호 개수는 다르지만, 과거 통계를 보면 주로 10주 이내 구간에서 당첨번호는 평균 4수 이상 출현한다.

10주 이내 구간에서도 최근 회차인 5주 이내 구간에서 당첨 번호 출현율이 6~10주 구간보다 높다.

미출 기간표 10주 이내 주요 특징

옆의 미출 기간표를 예를 들어 설명하겠다. 913~915회 총 3회의 미출 기간표 출현 통계를 보면, 913회에는 10주 이내 구간에서 6, 14, 16, 21, 27번으로 5개 번호가 출현했다. 914회에는

913, 914, 915회 미출 기간표

	913회					
1	5	8	18	**21**	22	38
2	4	12	**14**	32	42	
3	1	11	17	**27**	35	39
4	7	24	29	30	34	
5	3	**16**	23	44		
6	**40**					
7	2	28	31			
8						
9	**6**	26	43	45		
10	15					
11	19	36				
12	20					
13	13					
14	33					
15	**37**					

	914회					
1	6	14	**16**	21	**27**	37
2	5	8	18	22	38	
3	4	12	32	**42**		
4	1	11	17	35	39	
5	7	**24**	29	30	34	
6	3	23	**44**			
7	40					
8	2	28	31			
9						
10	26	43	45			
11	15					
12	**19**	36				
13	20					
14	13					
15	**33**					

	915회					
1	16	19	24	33	42	44
2	**6**	**14**	21	27	**37**	
3	5	8	18	**22**	38	
4	4	12	32			
5	1	**11**	17	35	39	
6	7	29	30	34		
7	3	23				
8	40					
9	**2**	28	31			
10						
11	26	43	45			
12	15					
13	36					
14	20					
15	**13**					

10주 이내 구간에서 16, 24, 42, 44번으로 4개 번호가 915회에는 2, 6, 11, 22, 37번으로 5개 번호가 출현했다. 916회, 917회, 918회에도 10주 이내에서 5개의 번호가 출현했었다.

따라서 가급적 10주 이내 구간에 있는 번호를 선택하는 것은 로또번호를 선택하는데 기본 선택 요령이 될 수 있다. 10주 이내 구간의 번호에서도 5주 이내 구간이 6~10주 구간보다 출현율이 더 높다.

끝수 분석

'끝수'는 번호의 끝수를 의미한다. 25의 끝수는 '5'이고 37의 끝수는 '7'이며 단번대 번호인 8번의 끝수는 '8'이다.

끝수 출현 통계를 보면 출현 예상 번호를 찾는 데 도움이 된다. 매주 동끝수 2개 출현 확률이 얼마나 높은지는 앞서 통계를 보며 확인했었다.

이제 끝수 합계 범위의 적정 범위를 알아보고 끝수 분석을 어떻게 하는지 알아보겠다. 다음 페이지의 그래프를 보면 동행복권 100회 동안 끝수 합계는 91%의 확률로, 주로 19~37 사이의 끝수 합계에서 출현한 것을 알 수 있다. 끝수 합계 20~35 사이에서 출현 확률도 80%나 된다.

앞으로 번호 6개를 선택했을 때 번호 끝수의 합계가 10 이

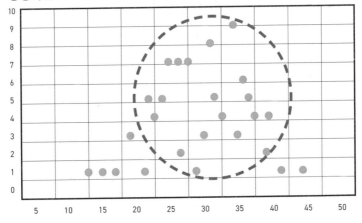

동행복권 100회(837~936회) 끝수 합계 현황

하로 너무 작거나, 40 이상으로 너무 크면 1등이 되기 어려우니 꼭 기억하고 적용해 보도록 하자.

본격적으로 끝수 분석을 해보겠다. 예를 들어 2끝, 4끝으로 설명하도록 하겠다. 모든 끝수의 특징이 2끝, 4끝 특징과 비슷하다. 우선 옆의 그림에 보이는 926회까지의 2끝수 최근 출현 통계를 보고 2끝수의 출현 특징을 살펴보면 다음과 같다.

A영역의 출현 통계를 보면 '2끝수' 번호인 2, 12, 22, 32, 42번이 모두 출현했다. 또한 B영역의 출현 통계에서도 2, 12,

2끝수의 흐름 분석						
926회	10	16	18	20	25	31
925회	13	24	**32**	34	39	**42**
924회	3	11	34	**42**	43	44
923회	3	17	18	23	36	41
922회	**2**	6	13	17	27	43
921회	5	7	**12**	**22**	28	41
920회	**2**	3	26	33	34	43
919회	9	14	17	18	**42**	44
918회	7	11	12	31	33	38
917회	1	3	23	24	27	43
916회	6	21	**22**	**32**	35	36
915회	**2**	6	11	13	**22**	37
914회	16	19	24	33	**42**	44
913회	6	14	16	21	27	37
912회	5	8	18	21	**22**	38
911회	4	5	**12**	14	**32**	**42**
910회	1	11	17	27	35	39
909회	7	24	29	30	34	35
908회	3	16	21	**22**	23	44
907회	21	27	29	38	40	44
906회	**2**	5	14	28	31	**32**

B

2, 12, 22, 32, 42 모두 출현

A

2, 12, 22, 32, 42 모두 출현

22, 32, 42번이 모두 출현했다. 여기에서 얻을 수 있는 특징은 2끝수 번호들 중에서 몇 번 더 자주 출현하는 번호가 있지만 결국은 나오지 않았던 끝수 번호가 출현해서 2끝수 번호들이 모두 출현하는 것을 알 수 있다.

이해가 모두 끝났다면 927회에 2끝수가 나온다면 어떤 번호가 나올 확률이 높을까? 이제 927회 기준의 최근 5주 현황을 보면서 예상해 보도록 하겠다.

927회 기준의 최근 5주간 2끝수 출현 현황이다.

2끝수의 흐름 분석						
926회	10	16	18	20	25	31
925회	13	24	**32**	34	39	**42**
924회	3	11	34	**42**	43	44
923회	3	17	18	23	36	41
922회	**2**	6	13	17	27	43

최근 3주간 출현했던 2끝수는 32, 42번이다. 최근 5주 기준으로 보면 2, 32, 42번이 출현했다. 출현하지 않은 2끝수는

12, 22번이다. 이제 927회의 당첨번호를 확인해 보겠다.

927회 당첨번호는 4, 15, 22, 38, 41, 43+보너스번호 26번이다. 최근 출현하지 않았던 2끝수 번호 중에서 22번이 당첨번호로 출현하였다.

929회 당첨번호도 살펴보면 7, 9, 12, 15, 19, 23+보너스번호 4번이다. 결국 2주 뒤에는 12번까지 출현하면서 2끝수 번호들이 처음 봤던 A, B 영역처럼 모두 출현하는 것을 확인할수 있다. 이처럼 앞으로 끝수 분석에 활용해 보면 분명 도움이 될 것이다. 이번에는 '4끝수'를 예를 들어 확인해 보도록하겠다.

다음은 927회 기준의 최근 5주간 4끝수 출현 현황이다.

4끝수의 흐름 분석						
926회	10	16	18	20	25	31
925회	13	24	32	34	39	42
924회	3	11	34	42	43	44
923회	3	17	18	23	36	41
922회	2	6	13	17	27	43

최근 3주간 출현했던 4끝수는 24, 34, 44번이다. 최근 5주 기준으로도 24, 34, 44번이 출현했다. 출현하지 않은 4끝수는 4번, 14번이다. 이제 927회의 당첨번호를 확인해 보겠다.

927회 당첨번호는 4, 15, 22, 38, 41, 43+보너스번호 26이다. 최근 출현하지 않았던 4끝수 번호 중에서 4번이 당첨번호로 출현하였다. 그리고 931회 당첨번호는 14, 15, 23, 25, 35, 43+보너스번호 32이다. 결국, 4주 뒤에는 14번까지 출현하면서 4끝수 번호들이 모두 출현하는 것을 확인할 수 있다.

지금까지 2끝수, 4끝수를 보면서 최근에 나오지 않은 끝수 번호의 출현 우선순위가 얼마나 높은지 확인해 보았다. 앞으로 끝수 분석에서 '동끝수 2개의 높은 출현 확률', '끝수 합계 범위' 등의 통계 특징까지 적용해 간다면 높은 확률로 로또를 하게 될 것이다.

로또9단의 제외수 기법

로또를 구매할 때 로또 45개 번호에서 로또9단의 제외수 기법을 사용하면 매주 45개 번호에서 10개 이상의 번호를 제외할 수 있다.

실전 경험을 통해 높은 적중률을 이미 검증한 기법이므로 꾸준히 활용한다면 도움이 될 것이다.

제외수 기법

직전 회차 보너스번호의 활용

- 보너스번호는 당첨번호가 될 확률이 낮다.
- 보너스번호의 끝수는 당첨번호가 될 확률이 낮다.

최근 2회 이상 출현 번호 활용

• 4주 이내 2회 이상 출현 번호는 당첨번호가 될 확률이 낮다.

• 10주 이내 4회 이상 출현 번호는 당첨번호가 될 확률이 낮다.

미출 기간표 활용

• 미출 기간표 출현 위치는 당첨번호가 될 확률이 낮다.

• 최근 몇주 동안 출현 위치도 당첨번호가 될 확률이 낮다.

상세한 설명과 함께 실제 928회를 예를 들어 제외수 적중 결과까지 확인하도록 하겠다. 실전에서 검증된 로또9단의 필수 제외 기법이므로 꼭 숙지해야 한다.

보너스번호 끝수

동행복권 100회(837~936회) 통계에서 보너스번호 끝수가 다음 회차에 당첨번호의 끝수로 출현하는 확률을 알 수 있다. 100회 중 40회가 보너스번호의 끝수가 당첨번호 끝수로 출현하고, 60회는 보너스번호의 끝수가 당첨번호의 끝수로 나오지 않았다.

동행복권 100회(837~936회) 보너스번호 끝수 출현 현황

회차	1	2	3	4	5	6	보너스	회차	1	2	3	4	5	6	보너스	회차	1	2	3	4	5	6	보너스
936	7	11	13	17	18	29	43	902	7	19	23	24	36	39	30	868	12	17	28	41	43	44	25
935	4	10	20	32	38	44	18	901	5	18	20	23	30	34	21	867	14	17	19	22	24	40	41
934	1	3	30	33	36	39	12	900	7	13	16	18	35	38	14	866	9	15	29	34	37	39	12
933	23	27	29	31	36	45	37	899	8	19	20	21	33	39	37	865	3	15	22	32	33	45	2
932	1	6	15	36	37	38	5	898	18	21	28	35	37	42	17	864	3	7	10	13	25	36	32
931	14	15	23	25	35	43	32	897	6	7	12	22	26	36	29	863	16	21	28	35	39	43	12
930	8	21	25	38	39	44	28	896	5	12	25	26	38	45	23	862	10	34	38	40	42	43	32
929	7	9	12	15	19	23	4	895	16	26	31	38	39	41	23	861	11	17	19	21	22	25	24
928	3	4	10	20	28	44	30	894	19	32	37	40	41	43	45	860	4	8	18	25	27	32	42
927	4	15	22	38	41	43	26	893	1	15	17	23	25	41	10	859	8	22	35	38	39	41	24
926	10	16	18	20	25	31	6	892	4	9	17	18	26	42	36	858	9	13	32	38	39	43	23
925	13	24	32	34	39	42	4	891	9	13	28	31	39	41	19	857	6	10	16	28	34	38	43
924	3	11	34	42	43	44	13	890	1	4	14	18	29	37	6	856	10	24	40	41	43	44	17
923	3	17	18	23	36	41	26	889	3	13	29	38	39	42	26	855	8	15	17	19	43	44	7
922	2	6	13	17	27	43	36	888	3	7	12	31	34	38	32	854	20	25	31	32	36	43	3
921	5	7	12	22	28	41	1	887	8	14	17	27	36	45	10	853	2	8	23	26	27	44	13
920	2	3	26	33	34	43	29	886	19	23	28	37	42	45	2	852	11	17	28	30	33	35	9
919	9	14	17	18	42	44	35	885	1	3	24	27	39	45	31	851	14	18	22	26	31	44	40
918	7	11	12	31	33	38	5	884	4	14	23	28	37	45	17	850	16	20	24	28	36	39	5
917	1	3	23	24	27	43	34	883	9	18	32	33	37	44	22	849	5	13	17	29	34	39	3
916	6	21	22	32	35	36	17	882	18	34	39	43	44	45	23	848	1	2	16	22	38	39	34
915	2	6	11	13	22	37	14	881	4	18	20	26	27	32	9	847	12	16	26	28	30	42	22
914	16	19	24	33	42	44	27	880	7	17	19	23	24	38		846	5	18	30	41	43	45	13
913	6	14	16	21	27	37	40	879	1	4	10	14	15	35	20	845	1	16	29	33	40	45	6
912	5	8	18	21	22	38	10	878	2	6	11	16	25	31	3	844	7	8	13	15	33	45	18
911	4	5	12	14	32	42	35	877	5	17	18	22	23	43	12	843	19	21	30	33	34	42	4
910	1	11	17	27	35	39	31	876	5	16	21	26	34	42	24	842	14	26	32	36	39	42	38
909	7	24	29	30	34	35	33	875	19	22	30	34	39	44	36	841	5	11	14	30	33	38	24
908	3	16	21	22	23	44	30	874	1	15	19	23	28	42	32	840	2	4	11	28	29	43	27
907	21	27	29	38	40	44	37	873	3	5	12	13	33	39	38	839	3	9	11	12	13	19	35
906	2	5	14	28	31	32	20	872	2	4	30	32	33	43	29	838	9	14	17	33	36	38	20
905	3	4	16	27	38	40	20	871	2	6	12	26	30	34	38	837	2	25	28	30	33	45	6
904	2	6	8	26	43	45	11	870	21	25	30	32	40	42	31								
903	2	15	16	21	22	28	45	869	2	6	20	27	37	39	4								

보너스번호의 끝수가 당첨번호로 나온 40회 중에서 3주 연속 당첨번호 끝수로 출현한 횟수는 2회뿐이니, 보너스번호의 끝수가 2주 이상 출현 중일 때에는 제외수 확률이 그만큼 높아진다. 따라서 보너스번호의 끝수는 출현 확률을 약하게 보는 것이 좋다.

표준 제외수(4주 이내 2회 이상 출현)

최근 4주 이내에 번호가 3회 이상 출현하는 통계는 많지 않다. 이러한 통계적 특징을 활용해서 제외수를 만들어 보았다.

제외수 기법에 정답은 없지만 4주 이내, 3회 이상 출현이 어려운 통계적 특징을 활용해서 로또9단의 제외 기법 중 가장 기본적인 4주 이내 2회 이상 출현 번호를 제외하는 표준 제외 기법이다.

옆의 927회 기준의 최근 4주 당첨번호에서 2회 이상 출현한 번호들을 선택하면 34, 42, 43번이 된다. 이렇게 4주 이내에 2회 이상 출현한 번호들은 약한 번호 즉, 제외수 확률이 높다. 928회 당첨번호는 3, 4, 10, 20, 28, 44+보너스번호 30이었으므로 4주 이내, 2회 이상 출현했던 특징의 번호들은

최근 4주 이내 당첨번호 2회 이상 출현 번호 제외

928회 최근 4주 현황						
회차	당첨번호					
	1	2	3	4	5	6
927회	4	15	22	38	41	43
926회	10	16	18	20	25	31
925회	13	24	32	34	39	42
924회	3	11	34	42	43	44

제외수가 되었다. 추가로 10주 이내에 4회 이상 출현하는 통계도 많지 않으므로 10주 이내에 4회 이상 출현한 번호들도 제외수가 될 수 있다.

보너스번호

동행복권 100회(837~936회) 통계를 확인해 보면 총 100회 중 10회 출현으로 10%의 확률이다. 평균적으로 10회 중 1번만 보너스번호가 당첨번호가 되고 있으니 직전 회차 보너스

회차	당첨번호 1	2	3	4	5	6	보너스
936	7	11	13	17	18	29	43
935	4	10	20	32	38	44	18
934	1	3	30	33	36	39	12
933	23	27	29	31	36	45	37
932	1	6	15	36	37	38	5
931	14	15	23	25	35	43	32
930	8	21	25	38	39	44	28
929	7	9	12	15	19	23	4
928	3	4	10	20	28	44	30
927	4	15	22	38	41	43	26
926	10	16	18	20	25	31	6
925	13	24	32	34	39	42	4
924	3	11	34	42	43	44	13
923	3	17	18	23	36	41	26
922	2	6	13	17	27	43	36
921	5	7	12	22	28	41	1
920	2	3	26	33	34	43	29
919	9	14	17	18	42	44	35
918	7	11	12	31	33	38	5
917	1	3	23	24	27	43	34
916	6	21	22	32	35	36	17
915	2	6	11	13	22	37	14
914	16	19	24	33	42	44	27
913	6	14	16	21	27	37	40
912	5	8	18	21	22	38	10
911	4	5	12	14	32	42	35
910	1	11	17	27	35	39	31
909	7	24	29	30	34	35	33
908	3	16	21	22	23	44	30
907	21	27	29	38	40	44	37
906	2	5	14	28	31	32	20
905	3	4	16	27	38	40	20
904	2	6	8	26	43	45	11
903	2	15	16	21	22	28	45

회차	당첨번호 1	2	3	4	5	6	보너스
902	7	19	23	24	36	39	30
901	5	18	20	23	30	34	21
900	7	13	16	18	35	38	14
899	8	19	20	21	33	39	37
898	18	21	28	35	37	42	17
897	6	7	12	22	26	36	29
896	5	12	25	26	38	45	23
895	16	26	31	38	39	41	23
894	19	32	37	40	41	43	45
893	1	15	17	23	25	41	10
892	4	9	17	18	26	42	36
891	9	13	28	31	39	41	19
890	1	4	14	18	29	37	6
889	3	13	29	38	39	42	26
888	3	7	12	31	34	38	32
887	8	14	17	27	36	45	10
886	19	23	28	37	42	45	2
885	1	3	24	27	39	45	31
884	4	14	23	28	37	45	17
883	9	18	32	33	37	44	22
882	18	34	39	43	44	45	23
881	4	18	20	26	27	32	9
880	7	11	19	23	24	45	38
879	1	4	10	14	15	35	20
878	2	6	11	16	25	31	3
877	5	17	18	22	23	43	12
876	5	16	21	26	34	42	24
875	19	22	30	34	39	44	36
874	1	15	19	23	28	42	32
873	3	5	12	13	33	39	38
872	2	4	30	32	33	43	29
871	2	6	12	26	30	34	38
870	21	25	30	32	40	42	31
869	2	6	20	27	37	39	4

회차	당첨번호 1	2	3	4	5	6	보너스
868	12	17	28	41	43	44	25
867	14	17	19	22	24	40	41
866	9	15	29	34	37	39	12
865	3	15	22	32	33	45	2
864	3	7	10	13	25	36	32
863	16	21	28	35	39	43	12
862	10	34	38	40	42	43	32
861	11	17	19	21	22	25	24
860	4	8	18	25	27	32	42
859	8	22	35	38	39	41	24
858	9	13	32	38	39	43	23
857	6	10	16	28	34	38	43
856	10	24	40	41	43	44	17
855	8	15	17	19	43	44	7
854	20	25	31	32	36	43	3
853	2	8	23	26	27	44	13
852	11	17	28	30	33	35	9
851	14	18	22	26	31	44	40
850	16	20	24	28	36	39	5
849	5	13	17	29	34	39	3
848	1	2	16	22	38	39	34
847	12	16	26	28	30	42	22
846	5	18	30	41	43	45	13
845	1	16	29	33	40	45	6
844	7	8	13	15	33	45	18
843	19	21	30	33	34	42	4
842	14	26	32	36	39	42	38
841	5	11	14	30	33	38	24
840	2	4	11	28	29	43	27
839	3	9	11	12	13	19	35
838	9	14	17	33	36	38	20
837	2	25	28	30	33	45	6

번호는 출현 특징이 강하지 않다면 기본적으로는 제외수로 사용하는 것이 좋다.

837~936회의 100회 동안 직전 회차 보너스번호가 당첨번호로 출현은 848회, 849회, 858회, 865회, 868회, 904회, 909회, 923회, 925회, 936회로 총 10회이다.

미출 기간표 직전 회차 출현 위치

미출 기간표 출현 위치를 통해 출현 확률이 약한 제외수 번호를 찾을 수 있다. 다음 페이지의 그림에서 927회 당첨번호가 출현한 위치에서는 928회에 당첨번호 출현이 없는 것을 볼 수 있다. 이렇게 직전 회차 당첨번호가 출현한 위치에서는 주로 당첨번호 출현 확률이 약하다.

제외수 기법 최종 정리

로또 45개 번호에서 로또를 구매할 때 제외수를 어떻게 만드는지 로또9단의 제외수 기법을 배웠다. 이렇게 배운 방법들로 실제 928회 결과를 확인해 보자.

미출 기간표 직전 회차 출현 위치

	928회								927회					
1	**4**	15	22	38	41	43		1	10	16	18	20	25	31
2	**10**	16	18	**20**	25	31		2	13	24	32	34	39	42
3	13	24	32	34	39	42		3	3	11	**43**	44		
4	**3**	11	**44**					4	17	23	36	**41**		
5	17	23	36					5	2	6	27			
6	2	6	27					6	5	7	12	**22**	28	
7	5	7	12	**28**				7	**26**	33				
8	26	33						8	9	14				
9	9	14						9	**38**					
10								10	1					
11	1							11	21	35				
12	21	35						12	37					
13	37							13	19					
14	19							14						
15								15	8					
16	8							16	**4**					
17								17						
18								18	29	30				
19	29	**30**						19						
20								20	40					
21	40							21						
22								22						
23								23	45					
24	45							24	**15**					

928회 제외수 적중 결과 확인

928회 당첨번호는 3, 4, 10, 20, 28, 44번이었다. 927회 당첨번호인 4, 15, 22, 38, 41, 43+보너스번호 26이었다.

첫째, 직전 회차인 927회 보너스번호는 26번이었다.

둘째, 927회 보너스번호의 끝수는 6끝수 6, 16, 26, 36이었다.

셋째, 4주 이내 2회 이상 출현 번호는 34, 42, 43번이었다.

넷째, 10주 이내 4회 이상 출현 번호는 928회는 없었다.

다섯째, 미출 기간표 927회 출현 위치의 928회 출현 위치 번호는 8, 9, 32, 45번이었다.

제외 시킬 수 있는 번호는 6, 8, 9, 16, 26, 32, 34, 36, 42, 43, 45번으로 총 11개 번호가 제외수였고, 11개 번호는 모두 제외되어 928회 당첨번호로 나오지 않았다.

제외 기법은 항상 100% 적중되는 기법은 아니지만 실전에서 확률이 좋은 것을 검증했으니 분명 도움이 될 것이다.

표준 고정수 기법

　이번에도 이 책을 보고 있는 독자들에게만 전수하는 고정수 찾는 방법을 설명하려고 한다.

　로또를 분석하면서 가장 알고 싶은 분석이 바로 이번 주 당첨번호를 찾을 수 있는 고정수 기법이다. 로또9단의 분석을 공부하는 독자들만 알 수 있는 적중률 최고의 고정수 기법이다. 앞으로 다음의 표준 고정수 기법을 활용해 상위 당첨의 기회가 더·많아지길 기원하며, 최근 5주 이내 출현 번호를 활용한 고정수를 찾는 방법을 설명하겠다.

　앞서 표준 제외수를 만들 때에는 최근 4주 이내 2회 이상 출현 번호를 표준 제외수로 매주 제외할 수 있다고 설명한바 있다. 그러나 표준 고정수는 표준 제외수 기법과 비슷하지만

902회 기준의 최근 5회차 당첨번호

902회 최근 5주 현황						
회차	당첨번호					
	1	2	3	4	5	6
901회	5	18	20	23	30	34
900회	7	13	16	18	35	38
899회	8	19	20	21	33	39
898회	18	21	28	35	37	42
897회	6	7	12	22	26	36

제외수를 찾는 게 아니고 고정수를 찾는 기법이기 때문에 다음의 설명을 참고해 활용해 보길 바란다.

표준 고정수는 최근 5주 현황에서 5주 차 번호를 포함하여 5주 이내에 2회만 출현한 번호를 의미한다. 5주 이내에 3회 이상 출현한 번호는 과출현 번호이기 때문에 후보 번호에서 제외된다.

위의 그림을 보면 902회 기준으로 최근 5주 차에 위치한 번호는 897회의 6, 7, 12, 22, 26, 36번이다. 그리고 5주 차

897회의 번호를 포함하여 최근 5주 이내에 2회만 출현한 번호를 찾아보면 7번을 찾을 수 있다.

이렇게 찾은 번호가 고정수 후보 번호가 되는데 902회 당첨번호는 7, 19, 23, 24, 36, 39번으로 표준 고정수 기법으로 찾은 7번이 당첨번호가 된 것을 확인 할 수 있다.

하지만 매주 이렇게 쉽게 고정수를 찾을 수 있는 것은 아니다. 로또 분석에 있어서 100%라는 것은 없기 때문이다. 그럼에도 불구하고 표준 고정수 기법은 적중률이 아주 좋기 때문에 좀더 살펴 보도록 하겠다.

옆의 〈903회 최근 5주 현황〉 그림에서 5주 차 898회의 번호를 포함하여 최근 5주 이내에 2회만 출현한 번호를 찾아보면 18번, 21번, 35번을 찾을 수 있다.

이렇게 찾은 번호가 고정수 후보 번호가 되는데 903회 당첨번호는 2, 5, 16, 21, 22, 28번으로, 표준 고정수 기법으로 찾은 후보 번호 3개중에서 21번이 당첨번호가 된 것을 확인할 수 있다.

옆의 〈905회 최근 5주 현황〉 그림에서도 5주 차 900회의 번호를 포함하여 최근 5주 이내에 2회만 출현한 번호를 찾아보면 7, 16, 18번을 찾을 수 있다. 이렇게 찾은 번호가 고정

903회 기준의 최근 5회차 당첨번호

903회 최근 5주 현황						
회차	당첨번호					
	1	2	3	4	5	6
902회	7	19	23	24	36	39
901회	5	**18**	20	23	30	34
900회	7	13	16	18	**35**	38
899회	8	19	20	**21**	33	39
898회	**18**	**21**	28	**35**	37	42

905회 기준의 최근 5회차 당첨번호

905회 최근 5주 현황						
회차	당첨번호					
	1	2	3	4	5	6
904회	2	6	8	26	43	45
903회	2	15	**16**	21	22	28
902회	**7**	19	23	24	36	39
901회	5	**18**	20	23	30	34
900회	**7**	13	**16**	**18**	35	38

수 후보 번호가 되는데, 905회 당첨번호는 3, 4, 16, 27, 38, 40번으로 표준 고정수 기법으로 찾은 후보 번호 3개 중에서 16번이 당첨번호가 된 것을 확인 할 수 있다.

이렇게 902회, 903회, 905회를 연속해서 고정수 후보 번호가 당첨번호가 되는 것을 확인했다. 이후로도 908회, 910회에도 적중을 했었고 현재도 표준 고정수 적중률은 아주 높게 유지되고 있다.

로또9단 표준 고정수 기법 요약

최종 정리를 하면 제외수는 4주 이내에 2회 이상 출현한 번호가 제외수가 된다.

고정수는 5주 차 번호를 포함하여 최근 5주 이내에 2회만 출현한 번호가 고정수 후보가 된다.

※주의사항 : 5주 이내에 3회 이상 출현한 번호는 제외수가 된다.

자동 용지 패턴 분석 및
회차별 당첨 번호

자동 용지 패턴 분석

　'자동 용지 패턴 분석'은 로또9단의 분석기법은 아니다. 하지만 자동 용지 분석기법에 관심이 있는 독자분들께는 유익할 것으로 판단하여 유튜브에서 '버럭로또선생'으로 활동 중인 자동 패턴 로또 분석가의 도움을 받아 자동 용지 패턴 분석 방법을 간단히 소개하도록 하겠다.

　자동 용지 패턴 분석은 자동으로 구매한 용지에 특정 형태의 패턴이 있을 경우 당첨번호가 잘 나오는 위치가 있다는 전제 하에서 분석하는 방법으로 실제 적중률이 좋은 패턴 위주로 몇가지를 소개한다.

　최근 924~931회까지 위와 같은 총 15개의 3번 번호 데이터가 있었고 15회중 14회가 적중한 패턴으로 유용하다.

특정 번호의 패턴 중 3번 패턴

첫째, 5천 원 자동 용지에서 A열 1번째, B열 1번째, E열 1번째에 3번이 위치하고 있는 경우, 당첨번호가 A열 5, 6번째, B열 5, 6번째, C열 5, 6번째에서 당첨번호가 잘 나오는 패턴

3					
3					
3					

특정 번호의 패턴 중 6번 패턴

둘째, 5천원 자동 용지에서 A열 1번째, B열 1번째, E열 1번째에 3번이 위치하고 있는 경우 당첨번호가 A열 5, 6번째, B열 5, 6번째, C열 5, 6번째에서 당첨번호가 잘

6					
6					
6					

937	2	10	13	22	29	40
a	3	4	21	22	25	27
b	3	8	27	33	36	40
c	6	10	12	25	29	44
d	5	6	8	19	36	45
e	3	8	22	32	35	36

938	4	8	10	16	31	36
a	3	8	10	32	36	39
b	3	17	28	30	36	37
c	4	13	24	27	34	39
d	9	16	22	36	43	45
e	3	19	30	31	39	43

937회에는 당첨번호가 잘 나오는 구간에서 40번이 당첨번호로 출현하였고 938회에는 29, 40번이 당첨번호로 출현하였다.

최근 924~931회까지 총 15번 동안에 위의 패턴이 있는 자동 용지에서 14회 동안 당첨번호가 출현하였다.

이번에 살펴본 패턴은 3번이라는 번호의 패턴을 살펴본 것이고 번호별로 당첨번호가 잘 나오는 위치는 조금씩 다르다.

최근 924~939회까지 다음과 같은 총 23개의 6번 번호 데이터가 있었고 23회중 19회가 적중한 패턴으로 유용하다.

935	4	10	20	32	38	44
a	6	11	14	19	36	38
b	6	10	15	16	38	41
c	10	29	35	39	41	42
d	6	25	32	33	36	38
e	9	15	20	21	22	44

936	7	11	13	17	18	29
a	6	17	22	30	33	42
b	6	10	20	29	32	42
c	11	16	20	29	37	41
d	6	9	10	13	36	39
e	2	12	16	21	27	38

935회에는 당첨번호가 잘 나오는 구간에서 38, 44번이 당첨번호로 출현하였고, 936회에는 13번이 당첨번호로 출현하였다. 최근 924~939회까지 총 23번 동안 위의 패턴이 있는 자동 용지에서 19회 동안 당첨번호가 출현하였다.

여기까지 간단하게 자동 용지 패턴을 분석하는 방법을 알아보았다. 자동 용지 패턴 분석에 관심이 있는 독자분들은 유튜브에서 '버럭로또선생' 채널을 구독하면 더 좋은 정보를 접할 수 있을 것이다.

회차별 로또 1등 당첨 번호

회차							보너스
1087	13	14	18	21	34	44	16
1086	11	16	25	27	35	36	37
1085	4	7	17	18	38	44	36
1084	8	12	13	29	33	42	5
1083	3	7	14	15	22	38	17
1082	21	26	27	32	34	42	31
1081	1	9	16	23	24	38	17
1080	13	16	23	31	36	44	38
1079	4	8	18	24	37	45	6
1078	6	10	11	14	36	38	43
1077	4	8	17	30	40	43	34
1076	3	7	9	33	36	37	10
1075	1	23	24	35	44	45	10
1074	1	6	20	27	28	41	15
1073	6	18	28	30	32	38	15
1072	16	18	20	23	32	43	27
1071	1	2	11	21	30	35	39
1070	3	6	14	22	30	41	36
1069	1	10	18	22	28	31	44
1068	4	7	19	26	33	35	3
1067	7	10	19	23	28	33	18
1066	6	11	16	19	21	44	45
1065	3	18	19	23	32	45	24
1064	3	6	9	18	22	35	14
1063	3	6	22	23	24	38	30
1062	20	31	32	40	41	45	12
1061	4	24	27	35	37	45	15
1060	3	10	24	33	38	45	36
1059	7	10	22	25	34	40	27
1058	11	23	25	30	32	40	42
1057	8	13	19	27	40	45	12
1056	13	20	24	32	36	45	29
1055	4	7	12	14	22	33	31
1054	14	19	27	28	30	45	33
1053	22	26	29	30	34	45	15
1052	5	17	26	27	35	38	1
1051	21	26	30	32	33	35	44
1050	6	12	31	35	38	43	17
1049	3	5	13	20	21	37	17
1048	6	12	17	21	32	39	30
1047	2	20	33	40	42	44	32

회차							보너스
1046	7	16	25	29	35	36	28
1045	6	14	15	19	21	41	37
1044	12	17	20	26	28	36	4
1043	3	5	12	22	26	31	19
1042	5	14	15	23	34	43	4
1041	6	7	9	11	17	18	45
1040	8	16	26	29	31	36	11
1039	2	3	6	19	36	39	26
1038	7	16	24	27	37	44	2
1037	2	14	15	22	27	33	31
1036	2	5	22	32	34	45	39
1035	9	14	34	35	41	42	2
1034	26	31	32	33	38	40	11
1033	3	11	15	20	35	44	10
1032	1	6	12	19	36	42	28
1031	6	7	22	32	35	36	19
1030	2	5	11	17	24	29	9
1029	12	30	32	37	39	41	24
1028	5	7	12	13	18	35	23
1027	14	16	27	35	39	45	5
1026	5	12	13	31	32	41	34
1025	8	9	20	25	29	33	7
1024	9	18	20	22	38	44	10
1023	10	14	16	18	29	35	25
1022	5	6	11	29	42	45	28
1021	12	15	17	24	29	45	16
1020	12	27	29	38	41	45	6
1019	1	4	13	17	34	39	6
1018	3	19	21	25	37	45	35
1017	12	18	22	23	30	34	32
1016	15	26	28	34	41	42	44
1015	14	23	31	33	37	40	44
1014	3	11	14	18	26	27	21
1013	21	22	26	34	36	41	32
1012	5	11	18	20	35	45	3
1011	1	9	12	26	35	38	42
1010	9	12	15	25	34	36	3
1009	15	23	29	34	40	44	20
1008	9	11	30	31	41	44	33
1007	8	11	16	19	21	25	40
1006	8	11	15	16	17	37	36
1005	8	13	18	24	27	29	17

1004	7	15	30	37	39	44	18
1003	1	4	29	39	43	45	31
1002	17	25	33	35	38	45	15
1001	6	10	12	14	20	42	15
1000	2	8	19	22	32	42	39
999	1	3	9	14	18	28	34
998	13	17	18	20	42	45	41
997	4	7	14	16	24	44	20
996	6	11	15	24	32	39	28
995	1	4	13	29	38	39	7
994	1	3	8	24	27	35	28
993	6	14	16	18	24	42	44
992	12	20	26	33	44	45	24
991	13	18	25	31	33	44	38
990	2	4	25	26	36	37	28
989	17	18	21	27	29	33	26
988	2	13	20	30	31	41	27
987	2	4	15	23	29	38	7
986	7	10	16	28	41	42	40
985	17	21	23	30	34	44	19
984	3	10	23	35	36	37	18
983	13	23	26	31	35	43	15
982	5	7	13	20	21	44	33
981	27	36	37	41	43	45	32
980	3	13	16	23	24	35	14
979	7	11	16	21	27	33	24
978	1	7	15	32	34	42	8
977	2	9	10	14	22	44	16
976	4	12	14	25	35	37	2
975	7	8	9	17	22	24	5
974	1	2	11	16	39	44	32
973	22	26	31	37	41	42	24
972	3	6	17	23	37	39	26
971	2	6	17	18	21	26	7
970	9	11	16	21	28	36	5
969	3	9	10	29	40	45	7
968	2	5	12	14	24	39	33
967	1	6	13	37	38	40	9
966	1	21	25	29	34	37	36
965	2	13	25	28	29	36	34
964	6	21	36	38	39	43	30
963	6	12	19	23	34	42	35
962	1	18	28	31	34	43	40
961	11	20	29	31	33	42	43
960	2	18	24	30	32	45	14
959	1	14	15	24	40	41	35
958	2	9	10	16	35	37	1
957	4	15	24	35	36	40	1
956	10	11	20	21	25	41	40
955	4	9	23	26	29	33	8
954	1	9	26	28	30	41	32
953	7	9	22	27	37	42	34
952	4	12	22	24	33	41	38
951	2	12	30	31	39	43	38
950	3	4	15	22	28	40	10
949	14	21	35	36	40	44	30
948	13	18	30	31	38	41	5
947	3	8	17	20	27	35	26
946	9	18	19	30	34	40	20
945	9	10	15	30	33	37	26
944	2	13	16	19	32	33	42
943	1	8	13	36	44	45	39
942	10	12	18	35	42	43	39
941	12	14	25	27	39	40	35
940	3	15	20	22	24	41	11
939	4	11	28	39	42	45	6
938	4	8	10	16	31	36	9
937	2	10	13	22	29	40	26
936	7	11	13	17	18	29	43
935	4	10	20	32	38	44	18
934	1	3	30	33	36	39	12
933	23	27	29	31	36	45	37
932	1	6	15	36	37	38	5
931	14	15	23	25	35	43	32
930	8	21	25	38	39	44	28
929	7	9	12	15	19	23	4
928	3	4	10	20	28	44	30
927	4	15	22	38	41	43	26
926	10	16	18	20	25	31	6
925	13	24	32	34	39	42	4
924	3	11	34	42	43	44	13
923	3	17	18	23	36	41	26
922	2	6	13	17	27	43	36
921	5	7	12	22	28	41	1

920	2	3	26	33	34	43	29	878	2	6	11	16	25	31	3
919	9	14	17	18	42	44	35	877	5	17	18	22	23	43	12
918	7	11	12	31	33	38	5	876	5	16	21	26	34	42	24
917	1	3	23	24	27	43	34	875	19	22	30	34	39	44	36
916	6	21	22	32	35	36	17	874	1	15	19	23	28	42	32
915	2	6	11	13	22	37	14	873	3	5	12	13	33	39	38
914	16	19	24	33	42	44	27	872	2	4	30	32	33	43	29
913	6	14	16	21	27	37	40	871	2	6	12	26	30	34	38
912	5	8	18	21	22	38	10	870	21	25	30	32	40	42	31
911	4	5	12	14	32	42	35	869	2	6	20	27	37	39	4
910	1	11	17	27	35	39	31	868	12	17	28	41	43	44	25
909	7	24	29	30	34	35	33	867	14	17	19	22	24	40	41
908	3	16	21	22	23	44	30	866	9	15	29	34	37	39	12
907	21	27	29	38	40	44	37	865	3	15	22	32	33	45	2
906	2	5	14	28	31	32	20	864	3	7	10	13	25	36	32
905	3	4	16	27	38	40	20	863	16	21	28	35	39	43	12
904	2	6	8	26	43	45	11	862	10	34	38	40	42	43	32
903	2	15	16	21	22	28	45	861	11	17	19	21	22	25	24
902	7	19	23	24	36	39	30	860	4	8	18	25	27	32	42
901	5	18	20	23	30	34	21	859	8	22	35	38	39	41	24
900	7	13	16	18	35	38	14	858	9	13	32	38	39	43	23
899	8	19	20	21	33	39	37	857	6	10	16	28	34	38	43
898	18	21	28	35	37	42	17	856	10	24	40	41	43	44	17
897	6	7	12	22	26	36	29	855	8	15	17	19	43	44	7
896	5	12	25	26	38	45	23	854	20	25	31	32	36	43	3
895	16	26	31	38	39	41	23	853	2	8	23	26	27	44	13
894	19	32	37	40	41	43	45	852	11	17	28	30	33	35	9
893	1	15	17	23	25	41	10	851	14	18	22	26	31	44	40
892	4	9	17	18	26	42	36	850	16	20	24	28	36	39	5
891	9	13	28	31	39	41	19	849	5	13	17	29	34	39	3
890	1	4	14	18	29	37	6	848	1	2	16	22	38	39	34
889	3	13	29	38	39	42	26	847	12	16	26	28	30	42	22
888	3	7	12	31	34	38	32	846	5	18	30	41	43	45	13
887	8	14	17	27	36	45	10	845	1	16	29	33	40	45	6
886	19	23	28	37	42	45	2	844	7	8	13	15	33	45	18
885	1	3	24	27	39	45	31	843	19	21	30	33	34	42	4
884	4	14	23	28	37	45	17	842	14	26	32	36	39	42	38
883	9	18	32	33	37	44	22	841	5	11	14	30	33	38	24
882	18	34	39	43	44	45	23	840	2	4	11	28	29	43	27
881	4	18	20	26	27	32	9	839	3	9	11	12	13	19	35
880	7	17	19	23	24	45	38	838	9	14	17	33	36	38	20
879	1	4	10	14	15	35	20	837	2	25	28	30	33	45	6

836	1	9	11	14	26	28	19
835	9	10	13	28	38	45	35
834	6	8	18	35	42	43	3
833	12	18	30	39	41	42	19
832	13	14	19	26	40	43	30
831	3	10	16	19	31	39	9
830	5	6	16	18	37	38	17
829	4	5	31	35	43	45	29
828	4	7	13	29	31	39	18
827	5	11	12	29	33	44	14
826	13	16	24	25	33	36	42
825	8	15	21	31	33	38	42
824	7	9	24	29	34	38	26
823	12	18	24	26	39	40	15
822	9	18	20	24	27	36	12
821	1	12	13	24	29	44	16
820	10	21	22	30	35	42	6
819	16	25	33	38	40	45	15
818	14	15	25	28	29	30	3
817	3	9	12	13	25	43	34
816	12	18	19	29	31	39	7
815	17	21	25	26	27	36	4
814	2	21	28	38	42	45	30
813	11	30	34	35	42	44	27
812	1	3	12	14	16	43	10
811	8	11	19	21	36	45	25
810	5	10	13	21	39	43	11
809	6	11	15	17	23	40	39
808	15	21	31	32	41	43	24
807	6	10	18	25	34	35	33
806	14	20	23	31	37	38	27
805	3	12	13	18	31	32	42
804	1	10	13	26	32	36	9
803	5	9	14	26	30	43	2
802	10	11	12	18	24	42	27
801	17	25	28	37	43	44	2
800	1	4	10	12	28	45	26
799	12	17	23	34	42	45	33
798	2	10	14	22	32	36	41
797	5	22	31	32	39	45	36
796	1	21	26	36	40	41	5
795	3	10	13	26	34	38	36
794	6	7	18	19	30	38	13
793	10	15	21	35	38	43	31
792	2	7	19	25	29	36	16
791	2	10	12	31	33	42	32
790	3	8	19	27	30	41	12
789	2	6	7	12	19	45	38
788	2	10	11	19	35	39	29
787	5	6	13	16	27	28	9
786	12	15	16	20	24	30	38
785	4	6	15	25	26	33	40
784	3	10	23	24	31	39	22
783	14	15	16	17	38	45	36
782	6	18	31	34	38	45	20
781	11	16	18	19	24	39	43
780	15	17	19	21	27	45	16
779	6	12	19	24	34	41	4
778	6	21	35	36	37	41	11
777	6	12	17	21	34	37	18
776	8	9	18	21	28	40	20
775	11	12	29	33	38	42	17
774	12	15	18	28	34	42	9
773	8	12	19	21	31	35	44
772	5	6	11	14	21	41	32
771	6	10	17	18	21	29	30
770	1	9	12	23	39	43	34
769	5	7	11	16	41	45	4
768	7	27	29	30	38	44	4
767	5	15	20	31	34	42	22
766	9	30	34	35	39	41	21
765	1	3	8	12	42	43	33
764	7	22	24	31	34	36	15
763	3	8	16	32	34	43	10
762	1	3	12	21	26	41	16
761	4	7	11	24	42	45	30
760	10	22	27	31	42	43	12
759	9	33	36	40	42	43	32
758	5	9	12	30	39	43	24
757	6	7	11	17	33	44	1
756	10	14	16	18	27	28	4
755	13	14	26	28	30	36	37
754	2	8	17	24	29	31	32
753	2	17	19	24	37	41	3

752	4	16	20	33	40	43	7
751	3	4	16	20	28	44	17
750	1	2	15	19	24	36	12
749	12	14	24	26	34	45	41
748	3	10	13	22	31	32	29
747	7	9	12	14	23	28	17
746	3	12	33	36	42	45	25
745	1	2	3	9	12	23	10
744	10	15	18	21	34	41	43
743	15	19	21	34	41	44	10
742	8	10	13	36	37	40	6
741	5	21	27	34	44	45	16
740	4	8	9	16	17	19	31
739	7	22	29	33	34	35	30
738	23	27	28	38	42	43	36
737	13	15	18	24	27	41	11
736	2	11	17	18	21	27	6
735	5	10	13	27	37	41	4
734	6	16	37	38	41	45	18
733	11	24	32	33	35	40	13
732	2	4	5	17	27	32	43
731	2	7	13	25	42	45	39
730	4	10	14	15	18	22	39
729	11	17	21	26	36	45	16
728	3	6	10	30	34	37	36
727	7	8	10	19	21	31	20
726	1	11	21	23	34	44	24
725	6	7	19	21	41	43	38
724	2	8	33	35	37	41	14
723	20	30	33	35	36	44	22
722	12	14	21	30	39	43	45
721	1	28	35	41	43	44	31
720	1	12	29	34	36	37	41
719	4	8	13	19	20	43	26
718	4	11	20	23	32	39	40
717	2	11	19	25	28	32	44
716	2	6	13	16	29	30	21
715	2	7	27	33	41	44	10
714	1	7	22	33	37	40	20
713	2	5	15	18	19	23	44
712	17	20	30	31	33	45	19

711	11	15	24	35	37	45	42
710	3	4	9	24	25	33	10
709	10	18	30	36	39	44	32
708	2	10	16	19	34	45	1
707	2	12	19	24	39	44	35
706	3	4	6	10	28	30	37
705	1	6	17	22	28	45	23
704	1	4	8	23	33	42	45
703	10	28	31	33	41	44	21
702	3	13	16	24	26	29	9
701	3	10	14	16	36	38	35
700	11	23	28	29	30	44	13
699	4	5	8	16	21	29	3
698	3	11	13	21	33	37	18
697	2	5	8	11	33	39	31
696	1	7	16	18	34	38	21
695	4	18	26	33	34	38	14
694	7	15	20	25	33	43	12
693	1	6	11	28	34	42	30
692	3	11	14	15	32	36	44
691	15	27	33	35	43	45	16
690	24	25	33	34	38	39	43
689	7	17	19	30	36	38	34
688	5	15	22	23	34	35	2
687	1	8	10	13	28	42	45
686	7	12	15	24	25	43	13
685	6	7	12	28	38	40	18
684	1	11	15	17	25	39	40
683	6	13	20	27	28	40	15
682	17	23	27	35	38	43	2
681	21	24	27	29	43	44	7
680	4	10	19	29	32	42	30
679	3	5	7	14	26	34	35
678	4	5	6	12	25	37	45
677	12	15	24	36	41	44	42
676	1	8	17	34	39	45	27
675	1	8	11	15	18	45	7
674	9	10	14	25	27	31	11
673	7	10	17	29	33	44	5
672	8	21	28	31	36	45	43
671	7	9	10	13	31	35	24

670	11	18	26	27	40	41	25	629	19	28	31	38	43	44	1
669	7	8	20	29	33	38	9	628	1	7	12	15	23	42	11
668	12	14	15	24	27	32	3	627	2	9	22	25	31	45	12
667	15	17	25	37	42	43	13	626	13	14	26	33	40	43	15
666	2	4	6	11	17	28	16	625	3	6	7	20	21	39	13
665	5	6	11	17	38	44	13	624	1	7	19	26	27	35	16
664	10	20	33	36	41	44	5	623	7	13	30	39	41	45	25
663	3	5	8	19	38	42	20	622	9	15	16	21	28	34	24
662	5	6	9	11	15	37	26	621	1	2	6	16	19	42	9
661	2	3	12	20	27	38	40	620	2	16	17	32	39	45	40
660	4	9	23	33	39	44	14	619	6	8	13	30	35	40	21
659	7	18	19	27	29	42	45	618	8	16	25	30	42	43	15
658	8	19	25	28	32	36	37	617	4	5	11	12	24	27	28
657	10	14	19	39	40	43	23	616	5	13	18	23	40	45	3
656	3	7	14	16	31	40	39	615	10	17	18	19	23	27	35
655	7	37	38	39	40	44	18	614	8	21	25	39	40	44	18
654	16	21	26	31	36	43	6	613	7	8	11	16	41	44	35
653	5	6	26	27	38	39	1	612	6	9	18	19	25	33	40
652	3	13	15	40	41	44	20	611	2	22	27	33	36	37	14
651	11	12	16	26	29	44	18	610	14	18	20	23	28	36	33
650	3	4	7	11	31	41	35	609	4	8	27	34	39	40	13
649	3	21	22	33	41	42	20	608	4	8	18	19	39	44	41
648	13	19	28	37	38	43	4	607	8	14	23	36	38	39	13
647	5	16	21	23	24	30	29	606	1	5	6	14	20	39	22
646	2	9	24	41	43	45	30	605	1	2	7	9	10	38	42
645	1	4	16	26	40	41	31	604	2	6	18	21	33	34	30
644	5	13	17	23	28	36	8	603	2	19	25	26	27	43	28
643	15	24	31	32	33	40	13	602	13	14	22	27	30	38	2
642	8	17	18	24	39	45	32	601	2	16	19	31	34	35	37
641	11	18	21	36	37	43	12	600	5	11	14	27	29	36	44
640	14	15	18	21	26	35	23	599	5	12	17	29	34	35	27
639	6	15	22	23	25	32	40	598	4	12	24	33	38	45	22
638	7	18	22	24	31	34	6	597	8	10	23	24	35	43	37
637	3	16	22	37	38	44	23	596	3	4	12	14	25	43	17
636	6	7	15	16	20	31	26	595	8	24	28	35	38	40	5
635	11	13	25	26	29	33	32	594	2	8	13	25	28	37	3
634	4	10	11	12	20	27	38	593	9	10	13	24	33	38	28
633	9	12	19	20	39	41	13	592	2	5	6	13	28	44	43
632	15	18	21	32	35	44	6	591	8	13	14	30	38	39	5
631	1	2	4	23	31	34	8	590	20	30	36	38	41	45	23
630	8	17	21	24	27	31	15	589	6	8	28	33	38	39	22

588	2	8	15	22	25	41	30	546	8	17	20	27	37	43	6
587	14	21	29	31	32	37	17	545	4	24	25	27	34	35	2
586	2	7	12	15	21	34	5	544	5	17	21	25	36	44	10
585	6	7	10	16	38	41	4	543	13	18	26	31	34	44	12
584	7	18	30	39	40	41	36	542	5	6	19	26	41	45	34
583	8	17	27	33	40	44	24	541	8	13	26	28	32	34	43
582	2	12	14	33	40	41	25	540	3	12	13	15	34	36	14
581	3	5	14	20	42	44	33	539	3	19	22	31	42	43	26
580	5	7	9	11	32	35	33	538	6	10	18	31	32	34	11
579	5	7	20	22	37	42	39	537	12	23	26	30	36	43	11
578	5	12	14	32	34	42	16	536	7	8	18	32	37	43	12
577	16	17	22	31	34	37	33	535	11	12	14	15	18	39	34
576	10	11	15	25	35	41	13	534	10	24	26	29	37	38	32
575	2	8	20	30	33	34	6	533	9	14	15	17	31	33	23
574	14	15	16	19	25	43	2	532	16	17	23	24	29	44	3
573	2	4	20	34	35	43	14	531	1	5	9	21	27	35	45
572	3	13	18	33	37	45	1	530	16	23	27	29	33	41	22
571	11	18	21	26	38	43	29	529	18	20	24	27	31	42	39
570	1	12	26	27	29	33	42	528	5	17	25	31	39	40	10
569	3	6	13	23	24	35	1	527	1	12	22	32	33	42	38
568	1	3	17	20	31	44	40	526	7	14	17	20	35	39	31
567	1	10	15	16	32	41	28	525	11	23	26	29	39	44	22
566	4	5	6	25	26	43	41	524	10	11	29	38	41	45	21
565	4	10	18	27	40	45	38	523	1	4	37	38	40	45	7
564	14	19	25	26	27	34	2	522	4	5	13	14	37	41	11
563	5	10	16	17	31	32	21	521	3	7	18	29	32	36	19
562	4	11	13	17	20	31	33	520	4	22	27	28	38	40	1
561	5	7	18	37	42	45	20	519	6	8	13	16	30	43	3
560	1	4	20	23	29	45	28	518	14	23	30	32	34	38	6
559	11	12	25	32	44	45	23	517	1	9	12	28	36	41	10
558	12	15	19	26	40	43	29	516	2	8	23	41	43	44	30
557	4	20	26	28	35	40	31	515	2	11	12	15	23	37	8
556	12	20	23	28	30	44	43	514	1	15	20	26	35	42	9
555	11	17	21	24	26	36	12	513	5	8	21	23	27	33	12
554	13	14	17	32	41	42	6	512	4	5	9	13	26	27	1
553	2	7	17	28	29	39	37	511	3	7	14	23	26	42	24
552	1	10	20	32	35	40	43	510	12	29	32	33	39	40	42
551	3	6	20	24	27	44	25	509	12	25	29	35	42	43	24
550	1	7	14	20	34	37	41	508	5	27	31	34	35	43	37
549	29	31	35	38	40	44	17	507	12	13	32	33	40	41	4
548	1	12	13	21	32	45	14	506	6	9	11	22	24	30	31
547	6	7	15	22	34	39	28	505	7	20	22	25	38	40	44

No.							Bonus
504	6	14	22	26	43	44	31
503	1	5	27	30	34	36	40
502	6	22	28	32	34	40	26
501	1	4	10	17	31	42	2
500	3	4	12	20	24	34	41
499	5	20	23	27	35	40	43
498	13	14	24	32	39	41	3
497	19	20	23	24	43	44	13
496	4	13	20	29	36	41	39
495	4	13	22	27	34	44	6
494	5	7	8	15	30	43	22
493	20	22	26	33	36	37	25
492	22	27	31	35	37	40	42
491	8	17	35	36	39	42	4
490	2	7	26	29	40	43	42
489	2	4	8	15	20	27	11
488	2	8	17	30	31	38	25
487	4	8	25	27	37	41	21
486	1	2	23	25	38	40	43
485	17	22	26	27	36	39	20
484	1	3	27	28	32	45	11
483	12	15	19	22	28	34	5
482	1	10	16	24	25	35	43
481	3	4	23	29	40	41	20
480	3	5	10	17	30	31	16
479	8	23	25	27	35	44	24
478	18	29	30	37	39	43	8
477	14	25	29	32	33	45	37
476	9	12	13	15	37	38	27
475	1	9	14	16	21	29	3
474	4	13	18	31	33	45	43
473	8	13	20	22	23	36	34
472	16	25	26	31	36	43	44
471	6	13	29	37	39	41	43
470	10	16	20	39	41	42	27
469	4	21	22	34	37	38	33
468	8	13	15	28	37	43	17
467	2	12	14	17	24	40	39
466	4	10	13	23	32	44	20
465	1	8	11	13	22	38	31
464	6	12	15	34	42	44	4
463	23	29	31	33	34	44	40
462	3	20	24	32	37	45	4
461	11	18	26	31	37	40	43
460	8	11	28	30	43	45	41
459	4	6	10	14	25	40	12
458	4	9	10	32	36	40	18
457	8	10	18	23	27	40	33
456	1	7	12	18	23	27	44
455	4	19	20	26	30	35	24
454	13	25	27	34	38	41	10
453	12	24	33	38	40	42	30
452	8	10	18	30	32	34	27
451	12	15	20	24	30	38	29
450	6	14	19	21	23	31	13
449	3	10	20	26	35	43	36
448	3	7	13	27	40	41	36
447	2	7	8	9	17	33	34
446	1	11	12	14	26	35	6
445	13	20	21	30	39	45	32
444	11	13	23	35	43	45	17
443	4	6	10	19	20	44	14
442	25	27	29	36	38	40	41
441	1	23	28	30	34	35	9
440	10	22	28	34	36	44	2
439	17	20	30	31	37	40	25
438	6	12	20	26	29	38	45
437	11	16	29	38	41	44	21
436	9	14	20	22	33	34	28
435	8	16	26	30	38	45	42
434	3	13	20	24	33	37	35
433	19	23	29	33	35	43	27
432	2	3	5	11	27	39	33
431	18	22	25	31	38	45	6
430	1	3	16	18	30	34	44
429	3	23	28	34	39	42	16
428	12	16	19	22	37	40	8
427	6	7	15	24	28	30	21
426	4	17	18	27	39	43	19
425	8	10	14	27	33	38	3
424	10	11	26	31	34	44	30
423	1	17	27	28	29	40	5
422	8	15	19	21	34	44	12
421	6	11	26	27	28	44	30

#								#						
420	4	9	10	29	31	34	27	378	5	22	29	31	34	39	43
419	2	11	13	14	28	30	7	377	6	22	29	37	43	45	23
418	11	13	15	26	28	34	31	376	1	11	13	24	28	40	7
417	4	5	14	20	22	43	44	375	4	8	19	25	27	45	7
416	5	6	8	11	22	26	44	374	11	13	15	17	25	34	26
415	7	17	20	26	30	40	24	373	15	26	37	42	43	45	9
414	2	14	15	22	23	44	43	372	8	11	14	16	18	21	13
413	2	9	15	23	34	40	3	371	7	9	15	26	27	42	18
412	4	7	39	41	42	45	40	370	16	18	24	42	44	45	17
411	11	14	22	35	37	39	5	369	17	20	35	36	41	43	21
410	1	3	18	32	40	41	16	368	11	21	24	30	39	45	26
409	6	9	21	31	32	40	38	367	3	22	25	29	32	44	19
408	9	20	21	22	30	37	16	366	5	12	19	26	27	44	38
407	6	7	13	16	24	25	1	365	5	15	21	25	26	30	31
406	7	12	21	24	27	36	45	364	2	5	7	14	16	40	4
405	1	2	10	25	26	44	4	363	11	12	14	21	32	38	6
404	5	20	21	24	33	40	36	362	2	3	22	27	30	40	29
403	10	14	22	24	28	37	26	361	5	10	16	24	27	35	33
402	5	9	15	19	22	36	32	360	4	16	23	25	35	40	27
401	6	12	18	31	38	43	9	359	1	10	19	20	24	40	23
400	9	21	27	34	41	43	2	358	1	9	10	12	21	40	37
399	1	2	9	17	19	42	20	357	10	14	18	21	36	37	5
398	10	15	20	23	42	44	7	356	2	8	14	25	29	45	24
397	12	13	17	22	25	33	8	355	5	8	29	30	35	44	38
396	18	20	31	34	40	45	30	354	14	19	36	43	44	45	1
395	11	15	20	26	31	35	7	353	11	16	19	22	29	36	26
394	1	13	20	22	25	28	15	352	5	16	17	20	26	41	24
393	9	16	28	40	41	43	21	351	5	25	27	29	34	36	33
392	1	3	7	8	24	42	43	350	1	8	18	24	29	33	35
391	10	11	18	22	28	39	30	349	5	13	14	20	24	25	36
390	16	17	28	37	39	40	15	348	3	14	17	20	24	31	34
389	7	16	18	20	23	26	3	347	3	8	13	27	32	42	10
388	1	8	9	17	29	32	45	346	5	13	14	22	44	45	33
387	1	26	31	34	40	43	20	345	15	20	23	29	39	42	2
386	4	7	10	19	31	40	26	344	1	2	15	28	34	45	38
385	7	12	19	21	29	32	9	343	1	10	17	29	31	43	15
384	11	22	24	32	36	38	7	342	1	13	14	33	34	43	25
383	4	15	28	33	37	40	25	341	1	8	19	34	39	43	41
382	10	15	22	24	27	42	19	340	18	24	26	29	34	38	32
381	1	5	10	12	16	20	11	339	6	8	14	21	30	37	45
380	1	2	8	17	26	37	27	338	2	13	34	38	42	45	16
379	6	10	22	31	35	40	19	337	1	5	14	18	32	37	4

336	3	5	20	34	35	44	16
335	5	9	16	23	26	45	21
334	13	15	21	29	39	43	33
333	5	14	27	30	39	43	35
332	16	17	34	36	42	45	3
331	4	9	14	26	31	44	39
330	3	4	16	17	19	20	23
329	9	17	19	30	35	42	4
328	1	6	9	16	17	28	24
327	6	12	13	17	32	44	24
326	16	23	25	33	36	39	40
325	7	17	20	32	44	45	33
324	2	4	21	25	33	36	17
323	10	14	15	32	36	42	3
322	9	18	29	32	38	43	20
321	12	18	20	21	25	34	42
320	16	19	23	25	41	45	3
319	5	8	22	28	33	42	37
318	2	17	19	20	34	45	21
317	3	10	11	22	36	39	8
316	10	11	21	27	31	39	43
315	1	13	33	35	43	45	23
314	15	17	19	34	38	41	2
313	9	17	34	35	43	45	2
312	2	3	5	6	12	20	25
311	4	12	24	27	28	32	10
310	1	5	19	28	34	41	16
309	1	2	5	11	18	36	22
308	14	15	17	19	37	45	40
307	5	15	21	23	25	45	12
306	4	18	23	30	34	41	19
305	7	8	18	21	23	39	9
304	4	10	16	26	33	41	38
303	2	14	17	30	38	45	43
302	13	19	20	32	38	42	4
301	7	11	13	33	37	43	26
300	7	9	10	12	26	38	39
299	1	3	20	25	36	45	24
298	5	9	27	29	37	40	19
297	6	11	19	20	28	32	34
296	3	8	15	27	30	45	44
295	1	4	12	16	18	38	8

294	6	10	17	30	37	38	40
293	1	9	17	21	29	33	24
292	17	18	31	32	33	34	10
291	3	7	8	18	20	42	45
290	8	13	18	32	39	45	7
289	3	14	33	37	38	42	10
288	1	12	17	28	35	41	10
287	6	12	24	27	35	37	41
286	1	15	19	40	42	44	17
285	13	33	37	40	41	45	2
284	2	7	15	24	30	45	28
283	6	8	18	31	38	45	42
282	2	5	10	18	31	32	30
281	1	3	4	6	14	41	12
280	10	11	23	24	36	37	35
279	7	16	31	36	37	38	11
278	3	11	37	39	41	43	13
277	10	12	13	15	25	29	20
276	4	15	21	33	39	41	25
275	14	19	20	35	38	40	26
274	13	14	15	26	35	39	25
273	1	8	24	31	34	44	6
272	7	9	12	27	39	43	28
271	3	8	9	27	29	40	36
270	5	9	12	20	21	26	27
269	5	18	20	36	42	43	32
268	3	10	19	24	32	45	12
267	7	8	24	34	36	41	1
266	3	4	9	11	22	42	37
265	5	9	34	37	38	39	12
264	9	16	27	36	41	44	5
263	1	27	28	32	37	40	18
262	9	12	24	25	29	31	36
261	6	11	16	18	31	43	2
260	7	12	15	24	37	40	43
259	4	5	14	35	42	45	34
258	14	27	30	31	38	40	17
257	6	13	27	31	32	37	4
256	4	11	14	21	23	43	32
255	1	5	6	24	27	42	32
254	1	5	19	20	24	30	27
253	8	19	25	31	34	36	33

252	14	23	26	31	39	45	28	210	10	19	22	23	25	37	39
251	6	7	19	25	28	38	45	209	2	7	18	20	24	33	37
250	19	23	30	37	43	45	38	208	14	25	31	34	40	44	24
249	3	8	27	31	41	44	11	207	3	11	14	31	32	37	38
248	3	8	17	23	38	45	13	206	1	2	3	15	20	25	43
247	12	15	28	36	39	40	13	205	1	3	21	29	35	37	30
246	13	18	21	23	26	39	15	204	3	12	14	35	40	45	5
245	9	11	27	31	32	38	22	203	1	3	11	24	30	32	7
244	13	16	25	36	37	38	19	202	12	14	27	33	39	44	17
243	2	12	17	19	28	42	34	201	3	11	24	38	39	44	26
242	4	19	20	21	32	34	43	200	5	6	13	14	17	20	7
241	2	16	24	27	28	35	21	199	14	21	22	25	30	36	43
240	6	10	16	40	41	43	21	198	12	19	20	25	41	45	2
239	11	15	24	39	41	44	7	197	7	12	16	34	42	45	4
238	2	4	15	28	31	34	35	196	35	36	37	41	44	45	30
237	1	11	17	21	24	44	33	195	7	10	19	22	35	40	31
236	1	4	8	13	37	39	7	194	15	20	23	26	39	44	28
235	21	22	26	27	31	37	8	193	6	14	18	26	36	39	13
234	13	21	22	24	26	37	4	192	4	8	11	18	37	45	33
233	4	6	13	17	28	40	39	191	5	6	24	25	32	37	8
232	8	9	10	12	24	44	35	190	8	14	18	30	31	44	15
231	5	10	19	31	44	45	27	189	8	14	32	35	37	45	28
230	5	11	14	29	32	33	12	188	19	24	27	30	31	34	36
229	4	5	9	11	23	38	35	187	1	2	8	18	29	38	42
228	17	25	35	36	39	44	23	186	4	10	14	19	21	45	9
227	4	5	15	16	22	42	2	185	1	2	4	8	19	38	14
226	2	6	8	14	21	22	34	184	1	2	6	16	20	33	41
225	5	11	13	19	31	36	7	183	2	18	24	34	40	42	5
224	4	19	26	27	30	42	7	182	13	15	27	29	34	40	35
223	1	3	18	20	26	27	38	181	14	21	23	32	40	45	44
222	5	7	28	29	39	43	44	180	2	15	20	21	29	34	22
221	2	20	33	35	37	40	10	179	5	9	17	25	39	43	32
220	5	11	19	21	34	43	31	178	1	5	11	12	18	23	9
219	4	11	20	26	35	37	16	177	1	10	13	16	37	43	6
218	1	8	14	18	29	44	20	176	4	17	30	32	33	34	15
217	16	20	27	33	35	39	38	175	19	26	28	31	33	36	17
216	7	16	17	33	36	40	1	174	13	14	18	22	35	39	16
215	2	3	7	15	43	44	4	173	3	9	24	30	33	34	18
214	5	7	20	25	28	37	32	172	4	19	21	24	26	41	35
213	2	3	4	5	20	24	42	171	4	16	25	29	34	35	1
212	11	12	18	21	31	38	8	170	2	11	13	15	31	42	10
211	12	13	17	20	33	41	8	169	16	27	35	37	43	45	19

168	3	10	31	40	42	43	30	126	7	20	22	27	40	43	1
167	24	27	28	30	36	39	4	125	2	8	32	33	35	36	18
166	9	12	27	36	39	45	14	124	4	16	23	25	29	42	1
165	5	13	18	19	22	42	31	123	7	17	18	28	30	45	27
164	6	9	10	11	39	41	27	122	1	11	16	17	36	40	8
163	7	11	26	28	29	44	16	121	12	28	30	34	38	43	9
162	1	5	21	25	38	41	24	120	4	6	10	11	32	37	30
161	22	34	36	40	42	45	44	119	3	11	13	14	17	21	38
160	3	7	8	34	39	41	1	118	3	4	10	17	19	22	38
159	1	18	30	41	42	43	32	117	5	10	22	34	36	44	35
158	4	9	13	18	21	34	7	116	2	4	25	31	34	37	17
157	19	26	30	33	35	39	37	115	1	2	6	9	25	28	31
156	5	18	28	30	42	45	2	114	11	14	19	26	28	41	2
155	16	19	20	32	33	41	4	113	4	9	28	33	36	45	26
154	6	19	21	35	40	45	20	112	26	29	30	33	41	42	43
153	3	8	11	12	13	36	33	111	7	18	31	33	36	40	27
152	1	5	13	26	29	34	43	110	7	20	22	23	29	43	1
151	1	2	10	13	18	19	15	109	1	5	34	36	42	44	33
150	2	18	25	28	37	39	16	108	7	18	22	23	29	44	12
149	2	11	21	34	41	42	27	107	1	4	5	6	9	31	17
148	21	25	33	34	35	36	17	106	4	10	12	22	24	33	29
147	4	6	13	21	40	42	36	105	8	10	20	34	41	45	28
146	2	19	27	35	41	42	25	104	17	32	33	34	42	44	35
145	2	3	13	20	27	44	9	103	5	14	15	27	30	45	10
144	4	15	17	26	36	37	43	102	17	22	24	26	35	40	42
143	26	27	28	42	43	45	8	101	1	3	17	32	35	45	8
142	12	16	30	34	40	44	19	100	1	7	11	23	37	42	6
141	8	12	29	31	42	43	2	99	1	3	10	27	29	37	11
140	3	13	17	18	19	28	8	98	6	9	16	23	24	32	43
139	9	11	15	20	28	43	13	97	6	7	14	15	20	36	3
138	10	11	27	28	37	39	19	96	1	3	8	21	22	31	20
137	7	9	20	25	36	39	15	95	8	17	27	31	34	43	14
136	2	16	30	36	41	42	11	94	5	32	34	40	41	45	6
135	6	14	22	28	35	39	16	93	6	22	24	36	38	44	19
134	3	12	20	23	31	35	43	92	3	14	24	33	35	36	17
133	4	7	15	18	23	26	13	91	1	21	24	26	29	42	27
132	3	17	23	34	41	45	43	90	17	20	29	35	38	44	10
131	8	10	11	14	15	21	37	89	4	26	28	29	33	40	37
130	7	19	24	27	42	45	31	88	1	17	20	24	30	41	27
129	19	23	25	28	38	42	17	87	4	12	16	23	34	43	26
128	12	30	34	36	37	45	39	86	2	12	37	39	41	45	33
127	3	5	10	29	32	43	35	85	6	8	13	23	31	36	21

#							#							
84	16	23	27	34	42	45	11	42	17	18	19	21	23	32	1
83	6	10	15	17	19	34	14	41	13	20	23	35	38	43	34
82	1	2	3	14	27	42	39	40	7	13	18	19	25	26	6
81	5	7	11	13	20	33	6	39	6	7	13	15	21	43	8
80	17	18	24	25	26	30	1	38	16	17	22	30	37	43	36
79	3	12	24	27	30	32	14	37	7	27	30	33	35	37	42
78	10	13	25	29	33	35	38	36	1	10	23	26	28	40	31
77	2	18	29	32	43	44	37	35	2	3	11	26	37	43	39
76	1	3	15	22	25	37	43	34	9	26	35	37	40	42	2
75	2	5	24	32	34	44	28	33	4	7	32	33	40	41	9
74	6	15	17	18	35	40	23	32	6	14	19	25	34	44	11
73	3	12	18	32	40	43	38	31	7	9	18	23	28	35	32
72	2	4	11	17	26	27	1	30	8	17	20	35	36	44	4
71	5	9	12	16	29	41	21	29	1	5	13	34	39	40	11
70	5	19	22	25	28	43	26	28	9	18	23	25	35	37	1
69	5	8	14	15	19	39	35	27	1	20	26	28	37	43	27
68	10	12	15	16	26	39	38	26	4	5	7	18	20	25	31
67	3	7	10	15	36	38	33	25	2	4	21	26	43	44	16
66	2	3	7	17	22	24	45	24	7	8	27	29	36	43	6
65	4	25	33	36	40	43	39	23	5	13	17	18	33	42	44
64	14	15	18	21	26	36	39	22	4	5	6	8	17	39	25
63	3	20	23	36	38	40	5	21	6	12	17	18	31	32	21
62	3	8	15	27	29	35	21	20	10	14	18	20	23	30	41
61	14	15	19	30	38	43	8	19	6	30	38	39	40	43	26
60	2	8	25	36	39	42	11	18	3	12	13	19	32	35	29
59	6	29	36	39	41	45	13	17	3	4	9	17	32	37	1
58	10	24	25	33	40	44	1	16	6	7	24	37	38	40	33
57	7	10	16	25	29	44	6	15	3	4	16	30	31	37	13
56	10	14	30	31	33	37	19	14	2	6	12	31	33	40	15
55	17	21	31	37	40	44	7	13	22	23	25	37	38	42	26
54	1	8	21	27	36	39	37	12	2	11	21	25	39	45	44
53	7	8	14	32	33	39	42	11	1	7	36	37	41	42	14
52	2	4	15	16	20	29	1	10	9	25	30	33	41	44	6
51	2	3	11	16	26	44	35	9	2	4	16	17	36	39	14
50	2	10	12	15	22	44	1	8	8	19	25	34	37	39	9
49	4	7	16	19	33	40	30	7	2	9	16	25	26	40	42
48	6	10	18	26	37	38	3	6	14	15	26	27	40	42	34
47	14	17	26	31	36	45	27	5	16	24	29	40	41	42	3
46	8	13	15	23	31	38	39	4	14	27	30	31	40	42	2
45	1	10	20	27	33	35	17	3	11	16	19	21	27	31	30
44	3	11	21	30	38	45	39	2	9	13	21	25	32	42	2
43	6	31	35	38	39	44	1	1	10	23	29	33	37	40	16

로또 1등 '끌어당김의 법칙'

　로또 1등은 분석 실력만으로는 될 수 없다. 분석 실력만으로 1등이 될 수 있다면 우리나라의 천재들과 돈 많은 사람들이 로또연구소를 만들어 매주 로또 1등을 독차지하고 있을 것이다. 로또 4등, 5등은 확률이 로또 1등에 비해 낮기 때문에 분석 실력만으로 더 자주 당첨될 수는 있다.

　하지만 로또 1등은 4등, 5등과는 다르다. 1등 당첨은 우리가 살면서 한번 되기도 어려운 확률인 것은 누구나 알고 있다. 따라서 로또를 분석하는 이유도 당첨 확률을 높이기 위한 노력 중 하나이다. 당첨 확률을 높일 수 있는 방법이 더 있다면 우리는 그 방법을 알고 노력해야 한다. 그리고 로또 1등을 위한 노력에서 로또 분석만큼 중요한 것이 있다.

'바로 행운을 나에게 끌어당기는 것이다.'

위의 말처럼 부와 행운이 나에게 오도록 할 수 있는 방법이 있다. 이와 관련된 베스트셀러 책 두 권의 내용을 통해 어떻게 하면 부와 행운이 나에게 올 수 있는지 방법을 독자분들께 알려드리고자 한다.

첫 번째, '끌어당김의 법칙' 또는 '생각이 현실이 된다'는 말을 들어 봤을 것이다. 몇 년 동안 베스트셀러였던 '시크릿'이라는 책의 주요 내용을 보면 '인생의 모든 것은 우리가 끌어당기는 것'이라고 말한다. 부와 행운을 생각하면 부와 행운이 오고 부정적인 생각과 걱정, 결핍을 생각하면 안 좋은 일을 끌어당기는 것이다. 우리가 좋은 생각을 하든 나쁜 생각을 하든 그것은 중요치 않다. 끌어당김의 법칙은 나의 생각에 반응할 뿐이다. 그러니 좋은 생각을 해야 한다.

부정적인 생각을 하는 사람은 부정적인 일이 생기고 긍정적인 생각을 하는 사람은 좋은 일이 생긴다. 좋은 생각을 하면 좋은 말을 하게 되고 좋은 행동을 하게 된다. 생각이 말이되고 말이 행동이 되며 행동이 습관이 된다. 습관이 모이면 곧 인생이 된다. 좋은 생각은 좋은 인생을 만들고 부와 풍요를 끌어온다.

두 번째, 2020년 베스트셀러인 '더 해빙'의 책 내용도 '부와 행운을 끌어당기는 힘'에 관한 내용이다. 우리는 주로 간절히 원하면 이루어진다고 말한다. 하지만 '더 해빙'의 저자는 너무 간절히 원하는 마음은 결핍이라고 말한다. 내가 지금 없다고 느끼기 때문에 간절히 원하게 되는데 이런 마음은 곧 '결핍'을 불러오는 악순환이 된다고 한다. 해결책으로 저자는 해빙(Having)을 통해 나의 마음을 편안하게 해야 한다고 말한다. 즉, 부자여서 마음이 편안한 것이 아니라 내 마음이 돈에 대해 편안해지면 부와 행운이 나에게 온다는 것이다.

마음의 상태가 한쪽으로 치우쳐져 있는 것은 불안한 상태이며 운이 좋지 않은 상태이다. 명리학에서도 운이 좋다는 것은 기운이 치우침이 없이 중화되어 있는 상태를 말한다. 부와 풍요를 끌어당기고 로또 1등 당첨의 행운을 꿈꾸는 우리는 앞으로 간절함을 버리고 나는 언제든 내 인생에서 1등이 꼭 될 것이라는 확신과 긍정적인 생각을 해야 한다.

행운은 아무것도 하지 않는 사람에게 오지 않는다. 행운이 나에게 오도록 행운을 끌어당기는 노력이 필요하다. 생각이 현실이 된다는 말이 있다. 나는 로또 1등이 될 사람이다. 조만간 나는 로또 1등이 될 것이라고 긍정적으로 생각하는 것이 로또 1등의 행운을 끌어당기는 법칙이라는 것을 명심하자.

마지막으로, 법정 스님의 '무소유'에서 말하는 무소유는 아무것도 갖지 않는 무소유가 아닌, 꼭 필요한 것만 갖고 불필요한 것에 대한 집착을 버리는 것이 무소유라 말한다. 집착을 줄이면 마음은 더욱 평온해진다. 마음의 평온과 긍정적인 생각은 좋은 운을 끌어온다. 로또 1등에 대한 간절함, 집착보다는 평온한 마음과 긍정적인 생각으로 '나는 로또 1등이 꼭 된다'라고 생각하면 로또 1등의 행운이 독자분들께 더욱 강하게 끌려올 것이다.